耦合水文过程的地表水动力数值模拟方法及应用

侯精明　梁秋华　陈光照　郭凯华　著

科学出版社
北　京

内 容 简 介

本书系统介绍基于 Godunov 格式的有限体积数值求解方法。首先，阐述地表水文水动力物理过程、数学控制方程与有限体积求解格式；重点介绍二维浅水方程的数值求解方法，包括 HLLC 近似黎曼求解器计算通量、底坡源项法计算底坡源项、显隐式法计算摩阻源项；通过静水重构等方法来实现全稳条件和干湿边界处理。其次，介绍水文产流的表征，通过下渗和蒸腾蒸发等过程计算净雨量来表征；详细介绍城市流域管网排水过程的明流与压力流模拟方法及其与地表径流模型的耦合方式，以及模型二阶精度格式和显卡加速计算方法。最后，介绍模型在城市与流域雨洪过程模拟、江河洪水管理等方面的应用。

本书可作为水利、市政、环境、海洋、港口航道等领域的科研人员与工程技术人员的参考书，也可供高等院校水利工程、给水排水工程及流体力学等相关专业本科生和研究生参考。

图书在版编目（CIP）数据

耦合水文过程的地表水动力数值模拟方法及应用 / 侯精明等著. —北京：科学出版社，2022.6
ISBN 978-7-03-071027-7

Ⅰ. ①耦… Ⅱ. ①侯… Ⅲ. ①地面水-水动力学-数值模拟 Ⅳ. ①P343

中国版本图书馆 CIP 数据核字（2021）第 260766 号

责任编辑：祝 洁 / 责任校对：崔向琳
责任印制：苏铁锁 / 封面设计：陈 敬

科学出版社 出版
北京东黄城根北街 16 号
邮政编码：100717
http://www.sciencep.com

北京凌奇印刷有限责任公司 印刷
科学出版社发行 各地新华书店经销

*

2022 年 6 月第 一 版　开本：720×1000　1/16
2022 年 6 月第一次印刷　印张：12 1/4　插页：5
字数：240 000
POD定价：155.00元
（如有印装质量问题，我社负责调换）

编写委员会

主　任：侯精明

副主任：梁秋华

委　员：(按姓氏拼音排序)

陈光照　龚佳辉　郭凯华　韩　浩　李丙尧
李东来　李钰茜　刘菲菲　马利平　石宝山
同　玉　王　添　王兴桦　杨少雄　张大伟
张洪斌　张阳维　张兆安

前　言

　　模拟地表水文水动力过程及计算流场时间空间演变，对于人类认识自然规律、开发利用水资源及水电能源、发展航运、开展洪涝灾害管理、进行水生态环境保护、探索气候变化及适应策略方面有重要的作用。鉴于目前地表水动力模拟相关书籍存在未包含水文产流等过程，且数值算法不够前沿的局限，本书基于目前国际主流的数值求解格式，系统介绍了基于 Godunov 格式的有限体积法并耦合水文过程的地表水动力数值模拟方法。

　　本书的第一个特点是系统性，阐述了数值求解全过程，包括水文水动力过程的介绍、物理过程的数学表达、控制方程的数值解法及数值模型的实际应用。从理论推导、编程实现、算例演示和工程应用全方位介绍地表水文水动力高分辨率数值模型。第二个特点是前沿性，本书内容紧随行业发展潮流，应用最新的稳健算法和 GPU 加速技术，实质性提升了模型的精度、效率和稳定性，为大范围、高分辨率水文水动力模拟提供了支撑。第三个特点是实用性，本书从多个角度介绍模型的实际应用效果，读者通过学习相关内容，可实现数值模拟程序的编写，为解决实际工程问题提供借鉴。

　　本书第 1 章介绍地表水文水动力主要物理过程及数学表达，包括产流、汇流等过程；第 2 章阐述基于 Godunov 格式的有限体积数值求解方法的框架，并详述近似黎曼求解器计算通量；底坡源项与摩阻源项在第 3 章中独立处理；针对复杂地形和流态易出现的数值问题，在第 4 章中进行变量静水重构及干湿边界处理；为提高模型精度，第 5 章提出模型的二阶精度格式；净雨量计算的相关水文过程，如下渗、蒸腾蒸发及植被截留等模拟方法在第 6 章中说明；第 7 章为城市管网排水过程模拟方法；第 8 章介绍 CPU 并行及 GPU 加速计算方法；第 9～11 章则从洪水演进、流域雨洪及城市内涝过程模拟方面介绍模型的应用。

　　本书由侯精明组织编写，梁秋华负责校核工作，郭凯华撰写第 1、2 章，陈光照撰写第 3、4 章，李东来、刘菲菲、张阳维、马利平、韩浩、王兴桦、同玉分别撰写第 5～11 章。张大伟负责第 2 章 Godunov 格式部分，张洪斌、王添负责整理洪水演进算例的部分工作，同玉负责统稿和插图。李丙尧、李钰茜、龚佳辉、张兆安、杨少雄、石宝山等协助参与书稿整理工作。中国水利水电科学研究院、陕西省西咸新区沣西新城开发建设(集团)有限公司海绵城市技术中心、北京首创股份有限公司、宁夏首创海绵城市建设发展有限公司和西安理工大学省部共建西北旱区生态水利国家重点实验室对本书撰写及出版提供了大力支持，在此一并表示感谢！

鉴于作者水平有限，书中难免存在不足之处，恳请读者提出宝贵意见和建议。

侯精明

2022年3月于西安

目　　录

前言
第1章　绪论 ··· 1
　1.1　研究背景 ··· 1
　1.2　地表水文水动力主要物理过程及数学表达 ··· 3
　　　1.2.1　降水产流过程及其控制方程 ·· 4
　　　1.2.2　地表汇流过程及其控制方程 ·· 6
　1.3　水文水动力过程数值模型分类与介绍 ··· 10
　　　1.3.1　水文模型 ·· 10
　　　1.3.2　水动力模型 ·· 12
　参考文献 ·· 14
第2章　基于Godunov格式的有限体积数值求解方法及通量计算 ···················· 18
　2.1　浅水方程常用数值求解方法 ··· 18
　2.2　通量计算 ·· 22
　　　2.2.1　Godunov格式 ·· 22
　　　2.2.2　近似黎曼求解器 ··· 24
　2.3　时间步进方法 ··· 27
　2.4　边界条件 ·· 28
　　　2.4.1　开边界条件 ·· 29
　　　2.4.2　闭边界条件 ·· 30
　参考文献 ·· 31
第3章　底坡源项及摩阻源项处理方法 ·· 33
　3.1　底坡源项处理方法 ·· 33
　3.2　摩阻源项处理方法 ·· 36
　　　3.2.1　分裂点隐式法 ·· 36
　　　3.2.2　显隐式法 ··· 38
　参考文献 ·· 42
第4章　干湿交替过程模拟方法 ·· 44
　4.1　全稳条件 ·· 45
　4.2　静水重构法 ··· 45

| 4.3 干湿边界处理 | 48 |

参考文献 · 52

第 5 章 二阶精度格式 · 55
5.1 一维非结构网格 TVD 格式 · 56
5.2 二维非结构网格 TVD 格式 · 57
5.2.1 二维非结构网格 TVD 格式 I · 57
5.2.2 二维非结构网格 TVD 格式 II · 59
5.2.3 二维非结构网格 TVD 格式 III · 60
5.3 MUSCL 重构 · 63
参考文献 · 68

第 6 章 水文过程耦合模拟 · 69
6.1 蒸腾蒸发过程模拟 · 69
6.2 植被截留过程模拟 · 72
6.3 下渗过程模拟 · 74
6.4 净雨量计算方法 · 77
参考文献 · 79

第 7 章 城市管网排水过程模拟方法 · 80
7.1 管网排水水动力过程及其控制方程 · 81
7.2 管网排水水动力模拟计算 · 85
7.3 管网排水过程与地表径流过程耦合模拟 · 88
7.4 无管网资料区管网排水过程概化模拟算法 · 90
7.4.1 道路等效排水方法 · 91
7.4.2 雨水井等效排水方法 · 91
参考文献 · 94

第 8 章 水动力模型加速技术 · 95
8.1 加速算法简介 · 95
8.2 CPU 加速技术 · 97
8.3 GPU 加速技术 · 98
8.4 GPU 相对于 CPU 优势 · 100
8.5 GPU 加速技术实现流程 · 101
8.5.1 基于 GPU 计算技术实现流程 · 101
8.5.2 基于 CUDA 架构的 GPU 计算 · 104
8.6 计算加速效果 · 105
8.6.1 基于 GPU 加速的并行计算平台搭建 · 105
8.6.2 基于 GPU 并行计算的加速效果对比分析 · 106

参考文献 ·· 111
第9章　洪水演进过程模拟算例 ··· 113
　9.1　莫珀斯洪水演进过程数值模拟 ·· 113
　　9.1.1　研究区概况 ·· 113
　　9.1.2　模型设置及模拟结果分析 ·· 115
　9.2　托斯大坝溃坝洪水演进过程数值模拟 ··· 118
　　9.2.1　研究区概况 ·· 118
　　9.2.2　模型设置及模拟结果分析 ·· 119
　9.3　小峪河洪水演进数值模拟及成因分析 ··· 122
　　9.3.1　研究区概况 ·· 122
　　9.3.2　模型设置及模拟结果分析 ·· 129
　9.4　金沙江白格堰塞湖溃坝洪水演进数值模拟 ··· 134
　　9.4.1　研究区概况 ·· 134
　　9.4.2　模型设置及模拟结果分析 ·· 136
　9.5　唐家山堰塞湖溃坝洪水演进高性能数值模拟 ·· 140
　9.6　马尔巴塞大坝溃坝洪水演进过程高性能数值模拟 ·· 144
　　参考文献 ·· 147
第10章　流域雨洪过程模拟 ·· 149
　10.1　理想V型流域雨洪过程模拟 ··· 149
　10.2　实验流域雨洪过程模拟 ··· 152
　10.3　王茂沟流域雨洪过程模拟 ·· 154
　10.4　赫尔莫萨流域雨洪过程模拟 ··· 157
　10.5　宝盖寺流域雨洪过程模拟 ·· 160
　　参考文献 ·· 164
第11章　城市内涝过程模拟 ·· 166
　11.1　陕西省西咸新区沣西新城内涝模拟 ··· 166
　　11.1.1　地表水文水动力模型实例分析 ··· 166
　　11.1.2　管网排水水动力模型实例分析 ··· 172
　11.2　宁夏回族自治区固原市内涝模拟 ·· 178
　　11.2.1　研究区域概况 ··· 178
　　11.2.2　模型基础数据 ··· 179
　　11.2.3　模拟结果分析 ··· 181
　　参考文献 ·· 183
彩图

第1章 绪 论

1.1 研究背景

水循环是多环节的自然过程,全球性的水循环涉及蒸发、大气水分输送、地表水和地下水循环及多种形式的水量贮蓄。通过水文水动力过程,大气水、地表水、土壤水及地下水相互转化,形成一个不断更新的动态水系统。地表水作为水系统的重要组成部分,形成了河流、湖泊、沼泽和海洋等陆面水体,是人类用水的重要来源之一,也是各国水资源的主要组成部分,满足了社会经济活动的需求,并实现了水生态系统功能。

研究地表水文水动力过程,对于人类揭示自然奥秘、研究气候变化及适应策略、开发利用水及水能资源、发展航运、开展洪涝灾害管理、进行水生态环境保护等方面意义重大。相关工程和非工程措施的开展,均需地表水文水动力学为其提供量化依据和决策支撑。地表水文水动力学的常规研究方法包括理论分析、实验观测和数值模拟。20世纪中叶以前,受科技条件限制,水文水力学发展主要依靠理论分析和实验观测[1]。随着计算机技术的飞速发展和数值计算方法的日趋完善,使用数值计算手段模拟水文水动力过程成为可能。经实验数据和观测数据系统验证过的基于物理过程的数值模型可精确计算水文水动力过程,模拟各变量的空间时间演变特性。与物理模型相比较,数值模型可以在短时间内构建完成并便捷计算不同条件下的结果,且可更加精细地描述物理过程,故应用范围越来越广泛。

20世纪50年代中期,随着计算机技术的发展,"流域水文模型"的概念第一次被提出,科研人员开始把流域水文循环的各个环节作为一个整体来研究[2],促进了水文模型的发展[3]。传统水文模型通常采用简化模型来计算地表径流过程,如运动波法或水文概化法[4-5]。然而,这些忽略动态项的模型可能无法可靠地表征物理过程,在复杂的降水径流条件下,特别是在复杂地形中常见的逆坡或临界流状态,会产生不合理的模拟结果[6-7]。此外,这些简化模型也无法可靠地计算重要的水力学变量,如流速、水深等,会降低模型精度且限制模型的应用范围,如对动力过程要求较高的流场计算场景[8]。Gomez 等[9]指出二维动力波模型(也称为全水动力模型)可能是精确模拟地表径流过程的唯一选择。全水动力模型具有良好的数值逼近潜力,在降水径流和洪水演进过程模拟中表现极佳。2010

年至今,二维全水动力模型得到了长足发展,特别是基于有限体积法的近似黎曼求解器(Riemann solver),由于能够有效处理流场中的不连续问题而得到广泛关注。全水动力模型对数据要求高、计算过程复杂且耗时长,故在流域和城市尺度上的应用受到限制。鉴于此,目前水文水动力数值模型的发展分为两支,流域尺度采用简化水动力方法计算汇流过程的水文模型来计算水文过程,江河湖库等水系尺度采用全水动力模型来模拟水动力演变。实际应用中,针对不同问题,选用不同模型。随着社会经济的发展,在流域尺度上进行水文水动力精细模拟的需求越来越大,如海绵城市建设中雨洪过程的计算,流域生态治理中污染物迁移和水土流失过程的模拟,因此迫切需要发展大尺度高分辨率基于全水动力法的水文水动力模型。具体实践时,可通过在水文模型中采用全水动力法计算汇流过程和洪水演进过程,或是在水动力模型中耦合水文过程,两者均可实现水文水动力过程精细模拟的目标。例如,韩超等[10]构建了嘉兴市河网水文水动力耦合模型,研究了区域降水对嘉兴河网洪水过程的影响,同时为区域防洪排涝工作提供了参考;杨帆等[11]基于Infoworks-ICM软件构建了苏南运河沿线精细化水文水动力模型,为运河沿线平原河网地区防洪排涝、预报预警、防汛调度决策、工程建设效果评估等应用领域提供了技术支撑;余富强等[12]建立了福建省泉州市梅溪流域高分辨率水文水动力模型,为中小流域洪水治理提供了决策支持。

目前已有的全水动力模型过度简化或忽略了产流过程中的水文过程,如下渗、蒸腾蒸发和植被截留过程[13-14]。对于蒸腾蒸发过程,短历时模拟过程中计算结果可能对此过程的忽略或简化不敏感,但在长历时模拟过程中,此过程构成水量损失的重要组成部分,过度简化和忽略将造成较大的计算偏差[15-16];对于植被截留过程,降水初期雨水全部截留于枝叶表面,随着雨量的增大,截留量逐渐稳定于最大稳定截留量并贯穿降水径流过程始终,是降水初损的重要部分;因下渗过程机理非常复杂且占降水损失的大部分,应基于物理过程详细考虑。此外,洼地蓄存是产流过程的另一个影响因素,也应予以考虑,进而提升模型的可靠性。

耦合水文过程的全水动力模型模拟精度在很大程度上取决于输入数据的质量[17]。数字高程模型(digital elevation model, DEM)是最重要的空间输入数据集之一[18],是表征流域水系、坡度、流向等的决定性因素。通常而言,模型数据分辨率越高,地形表达越逼真,模拟结果越准确[19-20]。例如,DEM数据分辨率低可能导致坡度变形,进而影响模拟结果质量[21]。然而,高分辨率数据可能导致出现大量的计算单元或节点。例如,$1km^2$的研究区域,若DEM数据分辨率为1m,则会产生100万个计算单元,产生很大的计算负担。在合理平衡计算精度和效率方面,已有较多方法,其中图形处理器(graphics processing unit, GPU)并行加速计算技术对高分辨率水文水动力模型的模拟计算效率提升显著[22]。

1.2 地表水文水动力主要物理过程及数学表达

流域径流过程一般可分为产流和汇流两个主要过程，如图 1-1 所示。当降水事件开始后，一部分水在分子力、毛管力和重力的作用下通过地面渗入地下，另一部分被地表植被截留，最终经蒸腾蒸发过程回到大气中，最终剩余的净雨量在地表产生径流，这个过程为产流过程。若降水持续，净雨汇集形成地表漫流，沿地形坡度流动，一部分水会被洼地蓄存，一部分水汇集到河流后，在重力的作用下沿河床流动形成明渠流，这个过程为汇流过程。

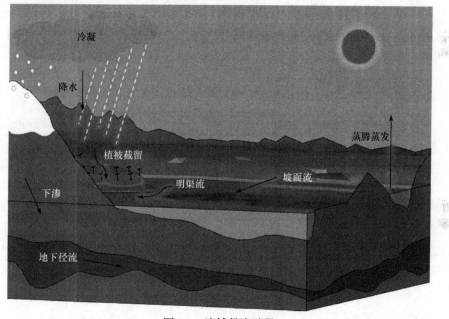

图 1-1 流域径流过程

陆地水文主要物理过程从水文水动力角度划分，水文过程为全局过程，而水动力则是其中的子过程之一(图 1-2)。水文过程分为产流过程、汇流过程、下渗及地下水流动过程，其中涉及的各种流动形式则称为水动力过程。其中，水文过程包括：地表产流过程，即采用简单代数方法计算降水量减下渗量和蒸腾蒸发及填洼量；地表汇流过程，即采用水文概念模型或水动力模型模拟净雨汇集过程；地下径流过程，即采用达西方程或理查德方程模拟雨水在下垫面土壤中的流动过程。水动力过程包括：地表漫流过程，即根据水流运动特性选用运动波、扩散波或动力波[即浅水方程(shallow water equations，SWEs)]法；明渠流动过程，即采用动力波法模拟明槽、河网水系的水流集中运动；管网排水过程(城市流域)，即采用一维圣维南(Saint-Venant)方程或有压流方程模拟管网明流和压力流过程。由于本书主要介绍地表水动力过程，尚未耦合地下水动力过程，地下水动力过程模拟未在书中体现。

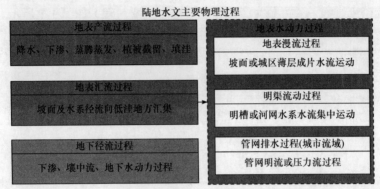

图 1-2　陆地水文主要物理过程

1.2.1　降水产流过程及其控制方程

产流是指降水量扣除损失形成净雨的过程。产流理论最早是由 Horton 提出，他指出降水产流受两个基本条件控制：一是降水强度需超过地表下渗量；二是包气带土壤含水率需超过田间持水量。产流理论阐明了均质包气带产流的物理条件。芮孝芳在此基础上着眼于研究影响降水-径流关系的因素，自然界的产流按是否受到降雨强度的影响分为蓄满产流和超渗产流[23]。蓄满产流是降水量在满足田间持水量之前不产流，所有的降水都被土壤吸收，降水量在满足田间持水量之后，所有的降水(扣除同期蒸腾蒸发量)都产流；超渗产流是指同期的降水量大于同期植被截留量、填洼量、蒸腾蒸发量及下渗量等的总和，多余出来的水量产生了地面径流[24]。在产流过程中，各个物理过程的相互作用是非常重要的，须予以详细考虑。

在降水过程中，雨量损失主要在下渗过程、植被截留过程和蒸腾蒸发过程。下渗过程极其复杂且下渗量在雨量损失中占比最大，也是国内外学者一直关注的研究重点。下渗是产流过程中的重要组成部分，降水除去下渗、蒸腾蒸发和洼地蓄存的损失部分后形成净雨，进入汇流阶段。相比蒸腾蒸发和填洼，下渗在产流过程中影响最大，因此下渗模型也是产流模型中的重要部分[25]。目前，已有大量的下渗模型被开发，如 Kostiakov 模型、Philip 模型、Horton 模型和 Green-Ampt 模型[26]，其中 Horton 模型通过下渗实验研究，认为下渗过程是个消退的过程，且消退的速率与该时刻的下渗率到稳渗率的变化量成正比。Horton 公式是从实验中得到的纯经验性方程，虽然下渗机理的研究正在向物理过程型转变，但由于使用简便，Honton 公式至今仍然在许多研究领域应用；Green-Ampt 模型对实验数据进行回归,建立起一种具有一定物理基础的反映下渗速度与水势梯度之间关系的半经验模型。Green-Ampt 模型物理意义明确、表达式简单且参数较少,应用广泛。Mein 等[27]证明了 Green-Ampt 模型方程对均匀和非均匀降水情况的良好应用性。Philip 模型下渗公式得到了田间下渗实验资料的验证,具有重要的应用价值,但该公式是在半无限均质土壤、初始含水率分布均匀、有薄层积水的条件下求得的,因此只适用于积水条件下一维垂直下渗的情况,具有一定的局限性[28]。Green-Ampt 模型控制方程为

$$f_p = K_s \left(\frac{d + L_s + \varphi_s}{L_s} \right) \quad (1\text{-}1)$$

式中,f_p 为土壤下渗速率,cm/min;K_s 为饱和导水率,cm/min;d 为土壤表层积水深度,cm;L_s 为湿润锋深度,cm;φ_s 为毛管吸力,cm。

目前,参考作物蒸腾蒸发量计算的标准方法为联合国粮食及农业组织(Food and Agriculture Organization of the United Nations,FAO)推荐的 Penman-Monteith 公式。该公式需要净辐射、土壤热通量、温度、风速、相对湿度及饱和水气压差等气象数据,实际中常因缺乏完备的气象资料而难以被广泛应用[29]。Hargreaves 方法[30]是 FAO 推荐的蒸腾蒸发速率计算方法,应用广泛。该方法所需气象资料简单,仅包括计算时段内的平均最高、最低气温,如 SWMM 模型及 MIKE 模型等商业软件中也使用此方法来计算蒸腾蒸发速率。Hargreaves 方法是基于每日最高气温及最低气温对蒸腾蒸发速率进行估算,控制方程为

$$E = 0.0023(R_a / \lambda) T_r^{1/2} (T_a + 17.8) \quad (1\text{-}2)$$

$$\lambda = 2.50 - 0.002361 T_a \quad (1\text{-}3)$$

式中,E 为蒸腾蒸发速率,mm/d;R_a 为大气上界太阳辐射,MJ/(m²·d),可根据维度计算或由 FAO 提供的大气层顶辐射表查出;λ 为汽化潜热,MJ/kg²;T_r 为计算时段内的最高气温与最低气温之差,℃;T_a 为计算时段内的平均气温,℃。

大尺度植被截留降水定量模拟与分析是揭示气候变化和人类活动综合作用下区域水沙变化机制的重要研究内容[31]。不管是在流域还是在绿化率较高的城市计算区域,降水再分配的首个环节就是植被截留,其中大部分降水首先被植被截留,剩余的小部分降水沿着主干向下流动并参与汇流过程,影响到达地面的降水量空间分布,因此合理考虑植被截留,才能正确模拟土壤下渗、产流等水循环过程[32-34]。植被截留降水过程受到诸多因素的影响,主要包括降水量、降水特性、植被冠层特征、雨前植被冠层湿润程度、气象条件等[35-36]。植被截留模型主要分为统计模型、概念模型和解析模型,但很多模型受限于研究方法及模型参数的获

取,如 Horton 模型[37]、Rutter 模型[38]、Liu 模型[39]和 Gash 解析模型[40-41]等,其中 A.P.J.DE ROO 模型基于叶面积指数和降水量对植被截留进行估算,而随着遥感技术的发展,包括叶面积指数在内的陆面区域参数获取成为可能[31,42]。植被截留公式如式(1-4)~式(1-6)所示:

$$S_v = S_{max}\left[1 - e^{-\eta \frac{P_{cum}}{S_{max}}}\right] \tag{1-4}$$

$$\eta = 0.040 LAI \tag{1-5}$$

$$S_{max} = 0.935 + 0.498 LAI - 0.00575 LAI^2 \tag{1-6}$$

式中,S_v 为累积截留量,mm;S_{max} 为最大存储容量,mm;η 为修正系数;P_{cum} 为累积降水量,mm;LAI 为叶面积指数。

洼地蓄存是产流计算的另一个影响因素,一般可根据地形起伏情况用系数来表达。但在高分辨率地形输入条件下可有效表征地表蓄存,洼地蓄存效应可以忽略不计。

本小节所选取的 Green-Ampt 模型、Hargreaves 方法及 A.P.J.DE ROO 模型将在第 6 章进行详细介绍。

1.2.2 地表汇流过程及其控制方程

汇流计算的目的是把产流计算的净雨过程转变地表径流动力过程[28]。地表汇流过程的计算主要包括水文学方法及水动力学方法两类。水文学方法主要有等流时线法、非线性水库法和瞬时单位线法等,水动力学方法是运动波、扩散波、惯性波和动力波等方法。水动力学方法是建立在连续性方程和动量方程的基础上,通过求解圣维南方程组或其简化形式,模拟坡面及水系汇流过程[43]。

地表汇流计算包括坡面汇流及河槽汇流两种过程。其中,坡面汇流多采用单位线法或等流时线法计算。地表汇流单位线是为了推求一定量级的有效降水在某一河道断面形成的洪水过程而人为假定的一个径流过程[44]。单位线的概念首先是由谢尔曼于 1932 年提出,他认为给定流域的地面径流(直接径流)过程线的形状反映了该流域所有物理特征的影响,包括三个基本假定,如在给定时段内和流域面积上净雨量分布均匀,单位线的基本假定为:①单位时段内净雨量不同,但所形成的地面径流过程线的总历时(即底宽)不变;②单位时段内 n 倍单位净雨量所形成的出流过程,其流量为单位线的 n 倍;③各单位时段净雨产生的出流过程不互相干扰,出口断面的流量等于各单位时段净雨所形成的流量之和。概言之,上述单位线概念和假定的目的就是将流域视为线性时不变系统,适用倍比和迭加原则[45]。Clark 于 1945 年将等流时线与线性水库两种概念相结合,建立了瞬时单位线方法。Nash 于 1957 年提出了具有 Gamma 函数分布形式的瞬时单位线。Dooge 于 1960 年明确将系统概念引入地表汇流,提出了一般性地表汇流单位线,并相继提出时变水文系统概念和各种地表非线性汇流理论和计算方法。Dodriguez-Iturbe 等于 1979 年基于流域河网定理提出地貌瞬时单位线[28]。等流时线是指雨水通过坡面或者河道流到出口断面的时间相等的点连成的线[46],简明地阐述了流域出口流量是如何组成的。等流时线是水量平衡方程在动态条件下的表述,是流域汇流计算的一个基本概念。但它只考虑了汇流的平均流速,没有考虑同一条等流时线上的水质点具有不相同的流速。在汇流过程中,各条等流时线上的水质点可以混合,这种现象称为流域的调节作用,它使得出口的流量过程曲线比上述公式所计算的更为平缓。因此,等流时线方法的误差很大,现已很少直接应用,或需经调蓄修正后,才能实际应用。

近年来,坡面汇流过程由圣维南方程简化而成的运动波方程来描述,包括水流连续方程和动量方程。河槽汇流的基本依据仍然是圣维南方程组。在计算河槽汇流时,通常将圣维南方程组简化为运动波、扩散波或惯性波方程,然后再进行求解。运动波忽略当地惯性项、迁移惯性项及压力项,假定不论波形传播过程中是否变形,但其波峰保持不变,没有耗散现象;但当波形发生变化时,不可避免地会发生运动激波。惯性波忽略重力项、摩阻项,不计摩阻损失,认为波动在传播过程中只有能量转换,没有能量损失。扩散波忽略当地惯性项及迁移惯性项,压力项的存在使波峰逐渐平坦化。杜格(Dooge)将忽略惯性项的圣维南方程组线性化,求得了扩散方程与马斯京根洪水演算法,并导出了马斯京根法 x 值的理论公式。孔奇(Cunge)对扩散方程进行差分离散,取其二阶近似,也得到了马斯京根洪水演算法及马斯京根法 x 值的理论公式。由此可知,马斯京根法洪水演算相当于求解扩散波方程[28]。水位或流量在短期内有大幅度的变化时,动量方程式中的各项均不能忽略,这种形式的动量方程式称为动力波。动力波是所有波动中最复杂的,只能用完整的圣维南方程描述,如式(1-7)所示:

$$\frac{\partial Q}{\partial t}+\frac{\partial Qu}{\partial x}+gA\frac{\partial h}{\partial x}-gAS_o+gAS_f=0 \tag{1-7}$$

式中,$\frac{\partial Q}{\partial t}$ 为当地惯性项,反映某固定点的局地加速度;$\frac{\partial Qu}{\partial x}$ 为迁移惯性项,反映由于流速的空间分布不均匀引起的对流加速度;$gA\frac{\partial h}{\partial x}$ 为压力项,反映水深的影响;gAS_o 为重力项,反映由底坡高程变化引起的重力作用;gAS_f 为摩阻项,反映水流内部及边界的摩阻损失。

本书中模拟汇流及演进过程的控制方程为平面二维浅水方程。浅水方程的研究对象为具有自由液面且以平面运动为主的水流,通常情况下只考虑水平方向流速,忽略其垂向运动。标准浅水方程是可由水动力物理过程直接推导或由三维纳维-斯托克斯(Navier-Stokes,N-S)方程简化而来,在推导过程中忽略垂向加速度,采用静水压力假定,对 N-S 方程沿水深方向进行积分得到。目前,标准浅水方程广泛应用于河湖水动力、洪水预报、海啸风暴潮和污染物迁移等问题的求解。

忽略运动黏性项、紊流黏性项、风应力和科氏力的浅水方程守恒格式可用如下矢量形式表示:

$$\frac{\partial \boldsymbol{q}}{\partial t}+\frac{\partial \boldsymbol{f}}{\partial x}+\frac{\partial \boldsymbol{g}}{\partial y}=\boldsymbol{S} \tag{1-8}$$

$$\boldsymbol{q}=\begin{bmatrix} h \\ q_x \\ q_y \end{bmatrix},\quad \boldsymbol{f}=\begin{bmatrix} uh \\ uq_x+gh^2/2 \\ uq_y \end{bmatrix},\quad \boldsymbol{g}=\begin{bmatrix} vh \\ vq_x \\ vq_y+gh^2/2 \end{bmatrix}$$

$$\boldsymbol{S}=\begin{bmatrix} i_a \\ -\dfrac{gh\partial z_b}{\partial x}-C_f u\sqrt{u^2+v^2} \\ -\dfrac{gh\partial z_b}{\partial y}-C_f v\sqrt{u^2+v^2} \end{bmatrix} \tag{1-9}$$

式中,h 为水深,m;q_x 和 q_y 分别为 x、y 方向上的单宽流量,m²/s;$\boldsymbol{q}$ 为变量矢量,包括水深及两个方向的单宽流量;$\boldsymbol{f}$、$\boldsymbol{g}$ 分别为 x、y 方向上的通量矢量;t 为时间,s;g 为重力加速度,m/s²;x、y 分别为笛卡儿坐标系的两个方向上的距离,m;$\boldsymbol{S}$ 为源项,包括降水源项、底坡源项及摩阻源项;u、v 分别为 x、y 方向上的流速,m/s;i_a 为净雨强度,mm/h,数值上等于降水强度减去下渗速率、蒸腾蒸发速率和植被截留速率;z_b 为地形底面高程,m;C_f 为床面摩擦系数,$C_f=gN^2/h^{1/3}$,其中 N 为曼宁系数。

地表水动力过程变量示意图如图 1-3 所示。源项 i_a 描述产流过程,其他项均表征水动力过程。

在城市中,市政管网的排水过程也是一种重要的汇流形式。通常情况下,雨水通过雨水井汇集后进入管网,最终排出。在管网中,水流从上游流向下游会发生多种水力状况,有压流(压力流)和明渠流(重力流)的不断变化,加上不连续性和不稳定性,使管网汇流过程十分复杂。因此,本书模型采用圣维南方程求解,模拟排水管网的管网汇流,采用简化为模拟多个集水井节点及管道连接而成的管网模型模拟方式。节点可以是集水井、蓄水池、排水口和泵站等,节点之间的连

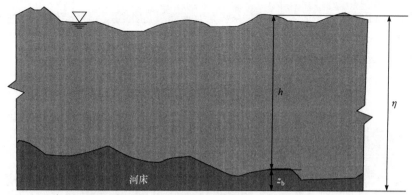

z_b-地形底面高程(m); h-水深(m); η-水面高(m), $\eta = z_b + h$

图 1-3 地表水动力过程变量示意图

接段为管段，以树状和环状管道最为常见。

管网一维圣维南方程组基本形式为

$$\frac{\partial A}{\partial t} + \frac{\partial Q}{\partial s} = 0 \tag{1-10}$$

$$\frac{1}{g}\left(\frac{\partial u}{\partial t} + u\frac{\partial u}{\partial s}\right) + \frac{\partial h}{\partial s} = S_0 - S_f \tag{1-11}$$

式中，s 为水流流动方向固定横截面沿流程的距离，m；t 为时间，s；h 为断面处的水深，m；u 为断面处平均流速，m/s；g 为重力加速度，m/s²；A 为管道过水断面面积，m²；Q 为管道流量，m³/s；S_0 为底坡源项；S_f 为摩阻源项。

式(1-10)为连续方程，可反映管道中的水量平衡关系。式(1-11)为动量方程。当雨水进入管道中流动时，管道内水流分为两种情况：第一种为具有自由水面，属于明渠流状态，也称为重力流；第二种为雨水充满整个管道，局部管道属于有压满管流状态，也称为压力流。在压力流条件下，可将动量方程中的水深 h 用压力 P 代替，即可得到其运动控制方程。

管网排水过程中，因惯性项在流速不大的情况下可认为影响不大，可忽略迁移惯性项，采用改进的扩散波方程(忽略惯性项的圣维南方程)进行计算。该方程组可同时表征压力流和重力流，通过调整水深 h 来实现。扩散波方程为

$$\frac{\partial A}{\partial t} + \frac{\partial Q}{\partial s} = 0 \tag{1-12}$$

$$\frac{\partial Q}{\partial t} + gA\frac{\partial h}{\partial s} + gAS_f = 0 \tag{1-13}$$

式中，A 为管道过水断面面积，m²；Q 为管道流量，m³/s；s 为水流流动方向固

定横截面沿流程的距离；t 为时间，s；h 为断面处的水深，m；g 为重力加速度，m/s²；S_f 为摩阻源项。

本书将在第 7 章中详细介绍管网排水模拟控制方程[式(1-10)及式(1-11)]的推导过程。

1.3 水文水动力过程数值模型分类与介绍

1.3.1 水文模型

水文模型是对自然界无比复杂的水循环过程的人为近似描述，是对水循环规律研究认识的结果。水文模型有几种不同的分类方法，包括线性和非线性、随机性和确定性、集中式和分布式[47]。基于物理过程分类，水文模型可分为经验模型、概念模型和物理模型，这也是最常用的分类方法之一。经验模型，也称为"黑箱子"模型，通常是基于一个数学关系式来描述输入(如降水过程)与输出(如流量过程)的关系，但这个关系是基于数据统计的，并不考虑内部的水文物理过程，如推理公式法、等时流线法和单位线法等，对于有足够数据的流域来说是容易实现的[48]；概念模型，也称为"灰箱子"模型，权衡了经验模型及物理模型，通过一系列概念化元素简化了水文过程，这些对物理过程的高度简化使得该模型比基于物理过程的模型更容易建立，并且可以提供比经验模型更可靠的模拟结果，因此概念模型应用广泛；物理模型，也称为"白箱子"模型，通常考虑必要的物理过程。水文过程描述详尽，但这些模型的开发比较复杂，需要大量的数据参数化工作，计算时间也较长。另一种常用的分类方法是根据流域的空间尺度进行分类，将水文模型分为集总式模型、半分布式模型和分布式模型。集总式模型将整个流域视为一个忽略空间变化的单一单元，因此不能用流域平均参数来表示异质性。文献中有很多集总式模型，如 SWM 模型[49]和 IUH 集总式模型[50]。半分布式模型介于集总式模型和分布式模型之间，计算子流域的平均产流，并将子流域内和子流域之间的产流累加，得到整个流域的产流。半分布式模型优于集总式模型，该模型将参数值与不同的子流域条件相关联，从而对整个流域有更合理的表示，HBV 模型、SWAT 模型[51]和 TOPMODEL 模型[52]就是这类模型。分布式模型或完全分布式模型将整个流域划分为不同单元，在单元中分别使用不同参数计算。因此，与半分布式模型相比，分布式模型可以更好地考虑流域的空间变化。

目前，比较常用的水文模型有美国的 HEC-HMS 模型、HSPF 模型和 USGS 模型，加拿大的 WATFLOOD 模型，英国的 TOPMODEL 模型，瑞典的 HBV 模型，意大利的 TOPIKAPI 模型，日本的 TANK 模型，以及我国的新安江模型等，还有 UBC 模型、RORB 模型、WBNM 模型、ARNO 模型和 CLS 模型等[53]。下面就其中的一些模型做简单介绍。

1) HSPF 模型

HSPF 模型是由美国国家环境保护局开发的唯一模拟流域水文水质的模型[54]。它由 Fortran 语言编写，可用于较大流域范围内自然和人工条件下，水系中水文水质过程的连续模拟，预测径流、地表水和地下水中的污染物浓度、输送过程及时间变化。该模型的缺点是假设了水体受污染的程度在空间上是均匀的，模型要求输入精确的数据，且要求数据必须是连续的。如果数据具有不确定性，则该模型不能进行模拟，大大影响模型的普适性，应用也难以推广。

2) TANK 模型

TANK 模型是 20 世纪 50 年代由日本菅原正巳博士提出[55]。TANK 模型的优势是非常易于理解，计算原理简单，但明显的不足是参数较多，有 18 个参数需要根据实测资料率定。TANK 模型的缺点是应用受到气象资料、流域条件、模型尺度等方面的限制，预报精度相对较低，且模型空间尺度越大，预报精度相对越低，因此 TANK 模型应用的空间尺度不宜过大。

3) HEC-HMS 模型

HEC-HMS 模型系统是美国水文工程中心研发的降水径流模型 HEC 的新一代软件产品，模型主要由 C、C++和 Fortran 语言混编而成。该模型系统采用松散耦合分布式结构和分模块式运行控制方式的设计方案，系统由三大模块构成：气象模块、流域模块和模拟控制模块[56]。HEC-HMS 模型是流域洪水预报模型，主要用于树状流域降水-径流过程的模拟。该模型应用较为广泛，适用于暴雨洪水过程、年径流及各种时间尺度的模拟计算；可以直接与其他模型结合，应用于洪水预报、城市管网排水研究、水库调度和减灾分析等实际工作中；也应用于研究层状土壤和非均质土壤等的下渗问题。但降水空间分布对该模型模拟结果影响较大，实际模拟时，应尽量采用格网划分流域的方式进行模拟[57]，这样可大大提高模拟的精度。因此，如果利用 DEM 数据和雷达、卫星数据对该模型的参数进行率定，将有助于提高模型精度。

4) HBV 模型

HBV 模型是 20 世纪 70 年代，瑞典国家水文气象局(The Swedish Meteorological and Hydrological Institute，SMHI)为了水电厂的洪水预报而开发的一个半分布式概念模型。在随后的研究中，SMHI 又对模型进行了改进，并于 1996 年推出了 HBV-96 模型[58]。目前，HBV 模型已发展成为一个集成的水文预报模型系统，它是一个现代化的、经过良好测试且易操作的预报工具。HBV 模型具有灵活易用的特点，模型的参数数据(如降水、温度、流量等)是以二进制文件的形式存放于数据库中，方便数据的转换和共享。HBV 模型预报的预见期为 1~24h，可利用模型计算降水量、土壤含水率及其变化过程、流域或水库的入流和出流等，可运行在独立的计算机上，也可运行在网络环境下。HBV 模型已经在 40 多个国家得到推广利用，特别是在北欧地区，该模型在瑞典已成为一个标准的洪水预报工具。

5) TOPMODEL 模型

TOPMODEL 模型是 1974 年 Kirkby 提出的一种基于土壤含水率和地形指数的半分布式物理过程流域水文模型，之后演化出很多相关的模型，如 TOPIKAPI 模型等，该模型在集总式和分布式流域水文模型之间起到了一个承上启下的作用[59]。该模型结构简单、优选参数少、物理概念明确、所需资料较少且易于实现，还能用于无资料流域的产、汇流估算，在世界许多地方的小流域应用良好。但该模型用于不同的流域时，需要重新进行参数率定，灵活性较差。TOPMODEL 模型以小时为步长，对 DEM 数据分辨率的要求为 50m×50m，用于大流域时，模拟的结果不尽如人意，因此国内外许多学者的研究局限于一面山坡或小尺度试验流域，对几百平方公里到几千平方公里的大中型流域的研究甚少[60]。

尽管水文模型经历了从概念模型到分布式模型的演变，对于流域环境的描述越来越精确，但自身仍存在一定的局限性，一般只能预测流域产、汇流的流量，而难以实现洪水淹没范围的模拟。与之相比，水动力模型擅长于分析计算洪水的演进和淹没情况，可以计算得出水体的时空分布变化情况，但缺乏将降水量转化为径流量的能力[60]。

1.3.2 水动力模型

近年来，暴雨、洪涝灾害频发，社会发展对防洪减灾提出了更高要求，需要更加详尽的资料，如河道洪水水位、街道洪水淹没过程和局部地方的洪水流速等，传统水文模型无法给出这些特征数据，这为水动力模型提供了发展空间。

按照研究方法将水动力模型分为宏观与微观两类。从宏观角度出发的水动力学模型，一般假设流体连续分布于整个流场，如密度、速度、压力等物理量均是时间和空间的足够光滑的函数。这类水动力模型采用的控制方程一般为简化后的 N-S 方程，即圣维南方程(一维)或浅水方程(二维)，这两类模型是目前国内外使用最为广泛的模型。从微观角度出发的水动力学模型，采用非平衡统计力学的观点，假设流体是由大量微观粒子组成，这些粒子遵守力学定律，同时服从统计定律，运用统计方法来讨论流体的宏观性质，这类水动力模型采用的控制方程为玻尔兹曼方程。玻尔兹曼方程的理论基础是分子运动论和统计力学，从微观的粒子尺度出发，建立离散的速度模型，在满足质量、动量和能量守恒的条件下得出粒子分布函数，然后对分布函数进行统计计算，得到压力、流速等宏观变量。玻尔兹曼方程仅局限于对缓流的模拟，而对急流的模拟却不够成功。目前，国内外大部分水动力模型均采用以浅水方程为控制方程，玻尔兹曼方程应用并不广泛。

按照计算时是否需要网格，水动力模型可以分为有网格类模型和无网格类模型。大部分流行的计算流体力学(computational fluid dynamics，CFD)方法都可以分为两大类，第一类为采用欧拉方法的网格形式和拉格朗日方法的粒子形式。目前，水动力计算常用的数值方法，如有限体积法(finite volume method，FVM)、有限差分法(finite difference method，FDM)和有限元法(finite element method，FEM)都是在对计算区域进行网格划分的基础上进行模拟计算，网格可分为结构网格与非结构网格。这类数值模拟的先决条件就是在计算区域生成网格，这项操作通常占用很大的计算工作量并直接影响模型最后的稳定性，如有限差分法。为不规则及复杂边界构造规则网格是很困难的，经常需要复杂的数学变形去贴合边界。第二类为无网格法，其脱离了对网格的依赖，近年来得到了迅速发展。无网格法可以被分类为 Galerkin 无网格法、Petrov-Galerkin 无网格法或搭配无网格法。光滑质点流体动力学(smoothed particle hydrodynamics，SPH)方法于 1977 年被提出，是一种纯拉格朗日无网格粒子法，也是目前最为流行的一种无网格粒子法。SPH方法的核心思想是在问题域内用积分函数法近似表达场函数，得到核近似方程，再用粒子近似法进一步近似表达核近似方程，即用相邻粒子的叠加求和取代场函数及其导数的积分表达式。无网格局部 Petrov-Galerkin 法于 1998 年被提出，该方法被广泛应用于梁结构或板结构分析、流体流动问题和其他力学问题。虽然无网格法具有许多优点，但是计算效率较传统方法低，目前应用的水动力模型中还是以有网格类模型为主。

按照模型模拟的维度，水动力模型可以分为一维水动力模型、二维水动力模型和三维水动力模型。在城市洪水模拟中，一维水动力模型具有计算效率高、所需基础数据少等优点，但应用范围较为局限，主要用来模拟计算城市地下管网、河网和街道的洪水演进，不适用于街道交汇处和广场等区域。著名的一维水动力模型包括 ISIS、MIKE11 和 HEC-RAS 模型。然而，由于简化程度较高，一维水动力模型无法准确再现漫滩洪水和复杂地形上的水流。相反，三维水动力模型，如 Fluent 和 MIKE3 模型，能更好地表示物理过程，从而提供更准确的模拟结果，但由于模型结构复杂，建模难度较大。实际上，对于大多数洪水来说，水深与波长和水平尺寸相比是很小的，可以忽略流速的垂直变化，从而得出二维近似值。因此，二维水动力模型足以为大多数洪水事件提供足够精细的模拟结果。

在不同复杂程度的二维水动力模型中，考虑非简化浅水方程的全水动力模型在模拟瞬态流动方面计算精度较高。商业二维全水动力模型包括 TELEMAC-2D、MIKE21、RMA2、Tuflow、Divast 等。MIKE21 和 Tuflow 采用交替方向隐式(alternating direction implicit，ADI)方法，将质量守恒和动量守恒的控制方程在时空域中进行了积分，在流动缓慢、平稳的情况下效果良好。然而，ADI 方法不足以描述在溃坝、决堤和山洪暴发中经常出现的临界流[61]。Divast 使用有限差分法求解浅水方程[62]，而 RMA2 和 TELEMAC-2D 采用有限元法[63]。然而，与有限体积法相比[64-66]，有限差分法通常很难保持局部质量守恒和动量守恒，并且非常耗时。对于二维水动力模型，我国众多学者也展开了研究。于汪洋等[61]基于 HEC-RAS 模拟平台结合水文方法，得到小流域在不同情境(暴雨重现期)下的二维淹没情况，模型计算结果显示，模型能够较好模拟流域复杂条件下的汇流过程。中国水利水电科学研究院和天津大学等联合开发了 UFDSM 城市雨洪模型，该模型基于简化二维圣维南方程，并耦合一维、二维非恒定流对降水径流雨洪过程进行模拟计算，采用了两步隐式方法[67]。

由此可见，已有的水文模型动力性考虑不足，已有的水动力模型全水文过程性欠佳，本书针对现有的问题系统介绍一套耦合完整水文水动力过程的、基于动力波法的平面二维数值模型，详细考虑了下渗、蒸腾蒸发、植被截留、汇流及演进等过程：产流计算部分考虑了蒸腾蒸发、植被截留及下渗过程，采用 Hargreaves 方法、A.P.J.DE ROO 模型及 Green-Ampt 模型分别进行计算，基于水量守恒法计算净雨产流过程，即在降水量的基础上减去上述过程的消耗量可得到净雨过程；汇流及演进过程采用 Godunov 格式的有限体积法数值求解浅水方程，同时引入 GPU 并行加速计算技术，在不降低精度的条件下大幅提升计算速度。

参 考 文 献

[1] 周雪漪. 计算水力学[M]. 北京: 清华大学出版社, 1995.

[2] 陈少卿, 韩锋, 吕建星, 等. 流域水文模型发展综述[J]. 科技·经济·市场, 2007(8): 133-134.

[3] 何长高, 董增川, 陈卫宾. 流域水文模型研究综述[J]. 江西水利科技, 2008, 34(1): 20-25.

[4] BATES P D, HORRITT M S, FEWTRELL T J. A simple inertial formulation of the shallow water equations for efficient two-dimensional flood inundation modelling[J]. Journal of Hydrology, 2010, 387(1-2): 33-45.

[5] SCHUMANN G J P, NEAL J C, VOISIN N, et al. A first large-scale flood inundation forecasting model[J]. Water Resources Research, 2013, 49(10): 6248-6257.

[6] COSTABILE P, COSTANZO C, MACCHIONE F. Comparative analysis of overland flow models using finite volume schemes[J]. Journal of Hydroinformatics, 2012, 14(1): 122-135.

[7] COSTABILE P, COSTANZO C, MACCHIONE F. A storm event watershed model for surface runoff based on 2D fully dynamic wave equations[J]. Hydrological Processes, 2013, 27(4): 554-569.

[8] XIA X, LIANG Q, MING X, et al. An efficient and stable hydrodynamic model with novel source term discretization schemes for overland flow and flood simulations[J]. Water Resources Research, 2017, 53(5): 3730-3759.

[9] GOMEZ M, MACCHIONE F, RUSSO B. Methodologies to study the surface hydraulic behaviour of urban catchments during storm events[J]. Water Science & Technology, 2011, 63(11): 2666-2673.

[10] 韩超, 梅青, 刘曙光, 等. 平原感潮河网水文水动力耦合模型的研究与应用[J]. 水动力学研究与进展 A 辑, 2014, 29(6): 706-712.

[11] 杨帆, 周钰林, 范子武, 等. 苏南运河沿线精细化水文-水动力模型构建及验证[J]. 水利水运工程学报,

2020(1): 16-24.

[12] 余富强, 鱼京善, 蒋卫威, 等. 基于水文水动力耦合模型的洪水淹没模拟[J]. 南水北调与水利科技, 2019, 17(5): 37-43.

[13] LIANG Q, XIA X, HOU J. Efficient urban flood simulation using a GPU-accelerated SPH model[J]. Environmental Earth Sciences, 2015, 74(11): 7285-7294.

[14] BERMUDEZ M, NTEGEKA V, WOLFS V, et al. Development and comparison of two fast surrogate models for urban pluvial flood simulations[J]. Water Resources Management, 2018, 32(8): 2801-2815.

[15] ANASTASIOU K, CHAN C T. Solution of the 2D shallow water equations using the finite volume method on unstructured triangular meshes[J]. International Journal for Numerical Methods in Fluids, 1997, 24(11): 1225-1245.

[16] XIN P, ZHOU T, LU C, et al. Combined effects of tides, evaporation and rainfall on the soil conditions in an intertidal creek-marsh system[J]. Advances in Water Resources, 2017, 103(5): 1-15.

[17] TANA M L, DARREN L F, BARNALI D, et al. Impacts of DEM resolution, source, and resampling technique on SWAT-simulated streamflow[J]. Applied Geography, 2015, 63: 357-368.

[18] BOURDIN D R, FLEMING S W, STULL R B. Streamflow modelling: A primer on applications, approaches and challenges[J]. Atmosphere-Ocean, 2012, 50(4): 507-536.

[19] GUINOT V, GOURBESVILLE P. Calibration of physically based models: Back to basics?[J]. Journal of Hydroinformatics, 2003, 5(4): 233-244.

[20] WANG H, WU Z, HU C. A comprehensive study of the effect of input data on hydrology and non-point source pollution modeling[J]. Water Resources Management, 2015, 29(5): 1505-1521.

[21] SHARMA A, TIWARI K N. A comparative appraisal of hydrological behavior of SRTM DEM at catchment level[J]. Journal of Hydrology, 2014, 519: 1394-1404.

[22] SMITH L S, LIANG Q. Towards a generalised GPU/CPU shallow-flow modelling tool[J]. Computers & Fluids, 2013, 88: 334-343.

[23] 芮孝芳. 水文学原理[M]. 北京: 中国水利水电出版社, 2004.

[24] 芮孝芳. 关于降水产流机制的几个问题的探讨[J]. 水利学报, 1996(9): 22-26.

[25] 陶涛, 颜合想, 李树平, 等. 城市雨水管理模型中关键问题探讨(二)——下渗模型[J]. 给水排水, 2017, 43(9): 115-119.

[26] 朱昊宇, 段晓辉. Green-Ampt 入渗模型国外研究进展[J]. 中国农村水利水电, 2017(10): 6-12, 22.

[27] MEIN R G, LARSON C L. Modeling infiltration during a steady rain[J]. Water Resources Research 1973, 9(2): 384-394.

[28] 黄新会, 王占礼, 牛振华. 水文过程及模型研究主要进展[J]. 水土保持研究, 2004, 11(4): 107-110.

[29] 李丹阳, 张涵, 王与, 等. 基于 Hargreaves 的四川地区参考作物蒸发蒸腾量研究[J]. 节水灌溉, 2017(6): 85-89.

[30] HARGREAVES G H. Reference crop evapotranspiration from temperature[J]. Applied Engineering in Agriculture, 1985, 1:12-24.

[31] 宋文龙, 杨胜天, 路京选, 等. 黄河中游大尺度植被冠层截留降水模拟与分析[J]. 地理学报, 2014, 69(1): 80-89.

[32] 鲍文, 包纬楷, 何丙辉, 等. 森林生态系统对降水的分配与拦截效应[J]. 山地学报, 2004, 22(4): 483-491.

[33] 石培礼, 李文华. 森林植被变化对水文过程和径流的影响效应[J]. 自然资源学报, 2001, 16(5): 481-487.

[34] 刘向东, 吴钦孝, 赵鸿雁. 森林植被垂直截留作用与水土保持[J]. 水土保持研究, 1994, 1(3): 8-13.

[35] 崔启武, 边履刚, 史继德, 等. 林冠对降水的截留作用[J]. 林业科学, 1980, 16(2): 141-146.

[36] 王爱娟, 章文波. 林冠截留降水研究综述[J]. 水土保持研究, 2009, 16(4): 55-59.

[37] HORTON R E. Rainfall interception[J]. Monthly Weather Review, 1919, 47(9): 603-623.

[38] RUTTER A J, KERSHAW K A, ROBINS P C, et al. A predictive model of rainfall interception in forests, 1. Derivation of the model from observations in a plantation of Corsican pine[J]. Agricultural Meteorology, 1972, 9: 367-384.

[39] LIU S G. A new model for the prediction of rainfall interception in forest canopies[J]. Ecological Modelling, 1997, 99(2-3): 151-159.

[40] GASH J H C, MORTON A J. An application of the Rutter model to the estimation of the interception loss from Thetford forest[J]. Journal of Hydrology, 1978, 38(1-2): 49-58.

[41] GASH J H C. An analytical model of rainfall interception by forests[J]. Quarterly Journal of the Royal Meteorological Society, 1979, 105(443): 43-55.

[42] ROO A P J, WESSELING C G, JETTEN V G, et al. LISEM: A physically-based hydrological and soil erosion model incorporated in a GIS[J]. Application of Geographic Information Systems in Hydrology and Water Resources Management, 1996, 235: 395-403.

[43] 刘家宏, 梅超, 向晨瑶, 等. 城市水文模型原理[J]. 水利水电技术, 2017, 48(5): 1-5.

[44] 董向东. 流域汇流单位线洪水预报应用分析[J]. 科技创新与应用, 2019, 260(4): 172-173.

[45] 王钦梁, 罗伯昆. 中国农业百科全书·水利卷 上[M]. 北京: 农业出版社, 1986.

[46] 吴艾欢, 杨婷婷, 吕谋, 等. 基于等流时线原理的初期雨水弃流方式比较[J]. 青岛理工大学学报, 2018, 39(2): 85-89.

[47] BEVEN K. Rainfall-Runoff Modelling[D]. Lancaster: Lancaster University, 2012.

[48] HOU J, LIANG Q, SIMONS F, et al. A 2D well-balanced shallow flow model for unstructured grids with novel slope source term treatment[J]. Advances in Water Resources, 2013, 52(2): 107-131.

[49] CRAWFORD N H, LINSLEY R E. Digital simulation in hydrology: Stanford watershed model Ⅳ [J]. Evapotranspiration, 1966, 39: 1-30.

[50] NASH J E, SUTCLIFFE J V. River flow forecasting through conceptual models part I—A discussion of principles[J]. Journal of Hydrology, 1970, 10(3): 282-290.

[51] ARNOLD J G, SRINIVASAN R, MUTTIAH R S, et al. Large area hydrological modelling and assessment part I: Model development[J]. Journal of the American Water Resources Association, 1998, 34(1): 73-89.

[52] BEVEN K, KIRKBY M J. A physically based, variable contributing area model of basin hydrology[J]. Hydrological Sciences Bulletin, 1979, 24(1): 43-69.

[53] 芮孝芳, 蒋成煜, 张金存. 流域水文模型的发展[J]. 水文, 2006, 26(3): 22-26.

[54] 刘兴坡, 程星铁, 胡小婷, 等. 基于响应面优化的青龙河流域 HSPF 模型参数校准方法[J]. 哈尔滨工业大学学报, 2019, 51(5): 163-170.

[55] 胡兴林. 概化的 Tank 模型及其在龙羊峡水库汛期旬平均入库流量预报中的应用[J]. 冰川冻土, 2001, 23(1): 59-64.

[56] PETERS J, FELDMAN A. Hydrologic Modeling System[C]. North American Water & Environment Congress & Destructive Water. Reston: ASCE, 2010.

[57] 陆波, 梁忠民, 余钟波. HEC 子模型在降水径流模拟中的应用研究[J]. 水力发电, 2005, 31(1): 12-14.

[58] 李霖. HBV 水文预报模型及与之集成的水文模型系统介绍[J]. 水利水文自动化, 2004(2): 39-42.

[59] BEVEN K J, KIRKBY M J. A physically based variable contributing area model of basin hydrology[J]. Hydrological Science Bulletin, 1979, 24: 43-69.

[60] 郭方, 刘新仁, 任立良. 以地形为基础的流域水文模型——TOPMODEL 及其拓宽应用[J]. 水科学进展, 2000,

11(3): 296-301.

[61] 于汪洋, 江春波, 刘健, 等. 水文水力学模型及其在洪水风险分析中的应用[J]. 水力发电学报, 2019, 38(8): 87-97.

[62] LIANG D, FALCONER R A, LIN B. Linking one- and two-dimensional models for free surface flows[J]. Proceedings of the Institution of Civil Engineers: Water Management, 2007, 160(3): 145-151.

[63] FENNEMA R, CHAUDHRY M. Explicit methods for 2-D transient free surface flows[J]. Journal of Hydraulic Engineering, 1990, 116(8): 1013-1034.

[64] BATES P D, ANDERSON M G. A two-dimensional finite-element model for river flow inundation[J]. Proceedings of the Royal Society of London. Series A: Mathematical and Physical Sciences, 1993, 440(1909): 481-491.

[65] ZHAO D, SHEN H, TABIOS, et al. Finite-volume two-dimensional unsteady flow model for river basins[J]. Journal of Hydraulic Engineering, 1994, 120(7): 863-883.

[66] CALEFFI V, VALIANI A, ZANNI A. Finite volume method for simulating extreme flood events in natural channels[J]. Journal of Hydraulic Research, 2003, 41(2): 167-177.

[67] 仇劲卫, 李娜, 程晓陶, 等. 天津市城区暴雨沥涝仿真模拟系统[J]. 2000(11): 34-42.

第 2 章 基于 Godunov 格式的有限体积数值求解方法及通量计算

数值模型的原理是通过数值方法求解在一定边界和初始条件下的控制方程(物理过程的数学表达形式)。产流过程主要包括蒸腾蒸发过程、植被截留过程和下渗过程，由于其控制方程较为简单，基本可以通过代数方法求解；汇流过程则采用基于 Godunov 格式的有限体积数值求解方法计算水动力控制方程，其中产流净雨量计算主要在质量守恒方程(连续性方程)的物质源项上得以体现。基于 Godunov 格式的浅水方程有限体积数值方法求解过程如图 2-1 所示。本章主要介绍表征地表水动力过程的浅水方程数值求解方法，包括惯性项、压力项、底坡源项和摩阻源项的求解。

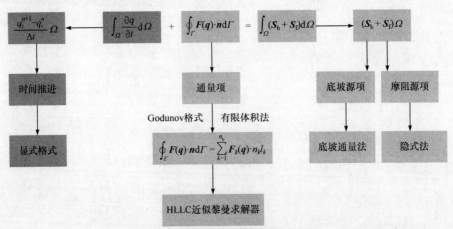

图 2-1 基于 Godunov 格式的浅水方程有限体积数值方法求解过程

2.1 浅水方程常用数值求解方法

浅水方程较常用的求解方法包括有限体积法、有限元法及有限差分法，这些方法在工程科学领域都已有深入应用，本节将对此进行介绍。浅水方程常用数值求解方法特性对比见表 2-1。

表 2-1 浅水方程常用数值求解方法特性对比

特性	有限体积法(FVM)	有限元法(FEM)	有限差分法(FDM)
守恒性	保证守恒	局部不守恒，整体守恒	不能保证守恒
网格适应性	可以应用于不规则网格	可以应用于不规则网格	对不规则网格适应性差
计算精度	二阶	精度可选	精度可选
并行计算性	易于并行	并行性差	易于并行

有限差分法是二维浅水动力模型中最早采用的数值求解方法，原理是将控制方程中的微分符号转化为差分格式进行求解，具有概念清晰、编程简单的优点，关于其解的存在性、收敛性和稳定性已有较完善的研究成果，是应用较为广泛、理论较为成熟的一种经典方法。根据所采用的时间差分形式不同，有限差分法可分为显式、隐式及显隐式交替差分法等[1]。显式差分格式的时间步长和空间步长需要满足克朗稳定条件[2](以 Courant、Friedrichs、Lewy 三个人的名字共同命名，缩写为 CFL)，以保持其计算稳定性。隐式差分格式是无条件稳定的，但在实际应用中，其时间步长也有一定的限制。在水动力模型中，应用较为广泛的差分格式是 Peacemann 和 Rachford 于 1955 年提出的 ADI 方法。该方法基于矩形网格、正交曲线网格等规则网格进行求解，目前广泛应用于河道及潮汐河口计算中[3]。由于均匀化的规则网格在处理复杂几何边界上存在一定不足，难以准确拟合不规则计算域边界和局部区域的网格加密，且正交曲线网格制作过程往往费时费力，因此 2010 年以来，有限差分法已逐渐退出水动力模型主流算法。

有限元法于 20 世纪 50 年代提出，早期被用于固体力学数值计算领域，70 年代开始逐渐应用于水动力学领域中。常见的有限元法有能量平衡法、直接法、加权余量法和变分法等。其中，加权余量法类的 Galerkin 法在河流数值模拟中应用较为广泛。有限元法的核心原理是将计算域进行网格分解，并假定各网格单元的逼近函数形式，结合变分法进行求解。常规有限元法在处理对流效应较强的情况时，存在有限元网格不恰当，容易造成数值解的失真或振荡的问题。在多维数学模型计算中，有限元法的计算效率较低。因此，有限元法在对计算速度要求较高的复杂模拟问题中应用较少。

有限体积法基于严格的守恒定律，把计算区域划分为相互邻接但不重叠的网格单元，将控制方程在单元内积分并通过格林-高斯变化将部分项转化为该单元流入与流出的数值通量后，对每个单元的守恒物理量进行更新计算，最终得到计算时段末各控制单元的守恒物理量。因此，与有限元法和有限差分法相比，有限体积法在守恒性方面具有一定的优越性，可保证局部和整体守恒，有限差分不能满足局部和整体守恒的条件，而有限元法仅能满足整体守恒条件。此外，相比于有限差分法，有限体积法适用于非均匀网格并可有效应对复杂的几何边界。因此，对具有复杂自由边界的地形，有限体积法具有不可替代性[4-5]。大部分水动力模型均在有限体积法的框架下开发，如 MIKE、Tuflow、UFDSM、GAST 等模型[6-7]。

计算过程中，根据有限体积法的基本原理，通常将计算区域离散为三角形或四边形的小计算单元，如图 2-2 所示。每个单元内变量的定义有三种形式，如图 2-3 所示。格心有限体积法(cell centered finite volume，CCFV)变量定义在网格形心，这在非均匀网格中求解对流扩散方程及二维浅水方程中应用最广泛。节点中心有限体积法(node centered finite volume，NCFV)变量定义有两种，其一为在网格单元边缘的中点上构建垂直线的多边形，然而网格必须满足 Voronoi 属性约束，即尽量避免钝角的出现；其二为通过网格形心和边缘中心的多边形来定义控制体变量。与格心有限体积法相比，节点中心有限体积法受网格几何形状的影响

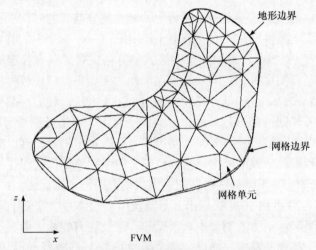

图 2-2 计算区域离散为小计算单元示意图

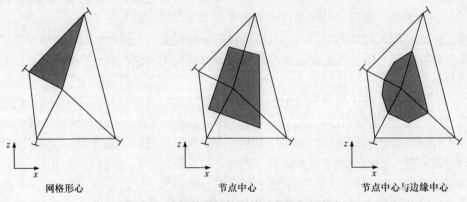

图 2-3 有限体积法控制单元变量定义形式

较小且变量矩阵小,但需要计算更多界面的通量。格心有限体积法变量矩阵大(约为节点中心有限体积法的一倍),但每个单元的边数量少且计算可便捷开展[5],综上选择基于 Godunov 格式的有限体积法。一阶 Godunov 方案与一阶迎风(first order upwind,FOU)方案的计算过程相同,即捕捉迎风信息、演进,然后平均的过程。

应用有限体积法,在网格单元 i 内,控制方程[式(1-8)]的积分形式如式(2-1)所示,网格单元 i 及其相邻网格单元 j 的变量符号如图 2-4 所示。

$$\int_\Omega \frac{\partial \boldsymbol{q}}{\partial t} \mathrm{d}\Omega + \int_\Omega \left(\frac{\partial \boldsymbol{f}}{\partial x} + \frac{\partial \boldsymbol{g}}{\partial y} \right) \mathrm{d}\Omega = \int_\Omega \boldsymbol{S} \mathrm{d}\Omega \qquad (2\text{-}1)$$

式中,Ω 为控制体的体积;t 为时间,s;$\boldsymbol{q}$ 为变量矢量,包括水深 h,m,以及两个方向上的单宽流量 q_x 和 q_y,m²/s;$\boldsymbol{f}$、$\boldsymbol{g}$ 分别为 x、y 方向上的通量矢量;$\boldsymbol{S}$ 为源项,包括降水或下渗源项、底坡源项及摩阻源项。

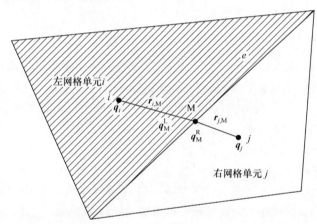

图 2-4　网格单元 i 及其相邻网格单元 j 处的变量符号

应用高斯散度定理,式(2-1)中通量的面积分可以用线积分表示为(其他项在网格单元内可认为恒定)

$$\int_\Omega \frac{\partial \boldsymbol{q}}{\partial t} \mathrm{d}\Omega + \oint_\Gamma \boldsymbol{F}(\boldsymbol{q}) \cdot \boldsymbol{n} \mathrm{d}\Gamma = \int_\Omega (\boldsymbol{S}_\mathrm{b} + \boldsymbol{S}_\mathrm{f}) \mathrm{d}\Omega \qquad (2\text{-}2)$$

式中,Γ 为控制体的边界;$\boldsymbol{n}$ 为边界 Γ 所对应的外法线方向的单位向量;$\boldsymbol{S}_\mathrm{b}$ 为底坡源项;$\boldsymbol{S}_\mathrm{f}$ 为摩阻源项;$\boldsymbol{F}(\boldsymbol{q}) \cdot \boldsymbol{n}$ 为相应界面的通量。

相应界面的通量 $\boldsymbol{F}(\boldsymbol{q}) \cdot \boldsymbol{n}$ 可以表示为

$$\boldsymbol{F}(\boldsymbol{q}) \cdot \boldsymbol{n} = (\boldsymbol{f} n_x + \boldsymbol{g} n_y) = \begin{bmatrix} q_x n_x + q_y n_y \\ (uq_x + gh^2/2)n_x + vq_x n_y \\ uq_y n_x + (vq_y + gh^2/2)n_y \end{bmatrix} \qquad (2\text{-}3)$$

式中，q 为变量矢量，包括水深 h，m，以及两个方向上的单宽流量 q_x 和 q_y，m²/s；f、g 分别为 x、y 方向上的通量矢量；g 为重力加速度，m/s²；u、v 分别为 x、y 方向上的流速，m/s；n_x、n_y 分别为向量 n 在 x 和 y 方向上的分量。

在该网格单元 i 内，通量向量 $F(q) \cdot n$ 的线积分可改写为代数形式：

$$\oint_\Gamma F(q) \cdot n \mathrm{d}\Gamma = \sum_{k=1}^{3} F_k(q) \cdot n_k l_k \tag{2-4}$$

式中，k 为单元边的编号；l_k 为第 i 个网格单元第 k 个边的边长；Γ 为控制体的边界；n_k 为第 k 个边所对应的外法线方向的单位向量。

通量采用基于 Godunov 格式的近似黎曼求解器求解。

2.2 通量计算

2.2.1 Godunov 格式

苏联学者 Godunov 在 1959 年提出了以黎曼问题的解为基础来构造计算网格均值的 Godunov 格式，这种格式的基本思想对数值方法的研究产生了相当大的影响。20 世纪 70 年代以来，众多学者不断致力于发展和改进 Godunov 格式。

20 世纪 70 年代至今，国内外对 Godunov 格式的研究和发展主要有两个方面：一方面是对黎曼问题解的发展或者改进，用黎曼问题的近似解或者近似的黎曼问题代替严格的黎曼问题求解方法，以减少工作量。另一方面是对高阶 Godunov 格式的研究，以提高计算精度，这部分与左右两侧物理量逼近是相关的。在 Godunov 格式中，求解精确黎曼解需耗费较多时间。因此，人们转而寻求黎曼问题的近似求解。其中，最流行的近似黎曼求解器有 Roe 近似黎曼求解器、Harten-Lax-van Leer(HLL)近似黎曼求解器和 Harten-Lax-van Leer-Contact(HLLC)近似黎曼求解器，除此之外还有双激波、Osher 等近似黎曼求解器。

由于 Godunov 格式在计算方面的优势，已在许多方面得到了应用。2018 年，张大伟等[8]采用坡面流为均匀覆盖流域地表的片状薄层水流的概念，开发完成了一套新的基于 Godunov 格式的地表径流二维水动力模型，解决了采用完整二维浅水方程组模拟地表径流运动时会遇到干湿转化处理的难题，结果证明该模型具有良好的精度和稳定性。2017 年，Guan 等[9]基于 Godunov 格式研发了二维水文模型，可用于模拟各种植被覆盖条件下的河流水力形态，几个模拟算例表明，该模型可相对精确地预测植被覆盖条件下的洪水和形态演变，还可用于评估涉及植被的河流恢复。2015 年，Hou 等[7]在二维以网格为中心的 Godunov 型有限体积模型中，应用一种新的守恒定律的单调上游中心方案(monotonic upstreamcentered scheme for conservation laws，MUSCL)，以更直接和更有效的方式在单元边缘的中点处构建所需通量值，使模型保持良好的全稳特性，并在不平坦地形上进行浅层流动模拟，实现了高精度和高效率。2015 年，Liang 等[10]提出了基于动态自适应网格的海啸传播预测二维模型，该模型采用有限体积法 Godunov 格式求解自适应网格上的二维非线性浅水方程，并对 2011 年日本东海岸海啸进行了模拟，验证了该模型预测海啸波传播的可靠性。

通量计算中，Godunov 格式考虑了迎风格式(upwind scheme)的信息源特性，这里以一维对流过程为例来解释Godunov格式。图2-5 为一维黎曼问题的 Godunov 格式计算过程示意图，即不连续问题求解(当 $x > x_0$ 时，$q = q^L$；当 $x < x_0$ 时，$q = q^R$)。波通过界面 x_0 传播，采用 Godunov 格式计算这一过程共分三步。第一步为迎风信息捕捉，穿过界面 f 的通量应为迎风向的通量，则 $F_f = 0.5 \cdot (F^L + F^R) - 0.5 \cdot |nu|(q^R - q^L)$，其中：

$$F^L = nuq^L \tag{2-5}$$

$$F^R = nuq^R \tag{2-6}$$

其中，$u < 0$，则：

$$F_f = F^R = nuq^R \tag{2-7}$$

式中，F_f 为通量；F^L 和 F^R 分别为单元网格界面左侧和右侧的通量；n 为指示流动方向的系数；u 为速度；q^L 和 q^R 分别为单元网格界面左侧和右侧的单宽流量。

第二步为演进，即波以通量的形式向相邻网格内演进[图 2-5(b)]。第三步为均化融合过程，即将演进到新网格的通量与残留通量进行均化融合，计算该网格单元内的平均值[图 2-5(c)]。

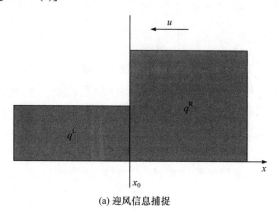

(a) 迎风信息捕捉

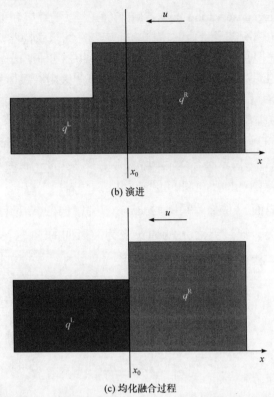

(b) 演进

(c) 均化融合过程

图 2-5　一维黎曼问题的 Godunov 格式计算过程示意图

可见，Godunov 格式实际上为非连续解问题的迎风格式。根据流场的特征速度方向来确定信息来源取向，在物理上符合扰动波传播规律，通过合理的通量限制器对来自流场的信息自动进行判别和限控处理，可正确地反映流场扰动波的传播过程，无须引入经验参数，或加入人工黏性等，更具科学性和可靠性。此格式经高阶精度重构后可获取更高的空间离散精度，提高激波捕捉的分辨率[11]。

2.2.2　近似黎曼求解器

流体运动的基本方程由质量守恒、动量守恒和能量守恒三个守恒定律组成，最大特点和困难在于解中会出现间断现象，如冲击波等，对流体运动精确而稳健的模拟计算仍是一大挑战。1858 年，黎曼提出并解决了欧拉方程一种最简单的间断初值问题，即初值为含有一个任意间断的阶梯函数(黎曼问题)。近似黎曼求解器是黎曼问题的特定近似解法，可自动满足 Godunov 格式，是计算非线性双曲线方程(如浅水方程)通量的常用方法。常用的近似黎曼求解器包括动力学求解器[12]、Roe 近似黎曼求解器[13-14]和 HLLC 近似黎曼求解器[7,14-15]。其中，Roe 近似黎曼求解器和 HLLC 近似黎曼求解器的求解精度相似，但 HLLC 近似黎曼求解器更加稳健，因此本小节着重介绍 HLLC 近似黎曼求解器。

Harten、Lax 和 van Leer 提出了一种近似求解黎曼问题的方法，被称为 HLL 近似黎曼求解器，可以直接得到控制体间数值通量的近似值[16]。但是 HLL 近似黎曼求解器基于的双波假设在欧拉方程及二维浅水方程中是不成立的，因此 Toro 等[17]提出了一种 HLL 近似黎曼求解器修改方案，即 HLLC 近似黎曼求解器，其示意图如图 2-6 所示。HLLC 近似黎曼求解器作为最适用于干湿边界的一种数值求解方法，已经成功应用于地表水动力学过程的模拟[18]。Liang 等[15]和 Hou 等[19]也验证了该方法的实用性。

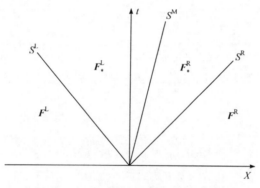

图 2-6　HLLC 近似黎曼求解器示意图

针对一般性问题，本小节以通量 $F(q)\cdot n$ 的计算为例来说明 HLLC 近似黎曼求解器。通量 $F(q)\cdot n$ 的 HLLC 近似黎曼求解器计算式为

$$F_k(q)\cdot n = \begin{cases} F^L, & 如果 0 \leqslant S^L, \\ F_*^L, & 如果 S^L < 0 \leqslant S^M, \\ F_*^R, & 如果 S^M < 0 \leqslant S^R, \\ F^R, & 如果 S^R < 0 \end{cases} \quad (2\text{-}8)$$

式中，S^L、S^M、S^R 分别为左波速、中间波速、右波速，m/s，如图 2-6 所示；F^L、F_*^L、F_*^R、F^R 分别为 S^L、S^M、S^R 达到一定条件时，向量 $F_k(q)\cdot n$ 的取值。

考虑到网格单元存在无水的情况，左波速、右波速分别为

$$S^L = \begin{cases} u^{\perp R} - 2\sqrt{gh^R}, & 如果 h^L = 0, \\ \min\left(u^{\perp L} - 2\sqrt{gh^L}, u_*^{\perp} - 2\sqrt{gh_*}\right), & 如果 h^L > 0 \end{cases} \quad (2\text{-}9)$$

$$S^R = \begin{cases} u^{\perp L} + 2\sqrt{gh^L}, & \text{如果 } h^R = 0, \\ \max\left(u^{\perp R} + 2\sqrt{gh^R}, u_*^{\perp} + 2\sqrt{gh_*}\right), & \text{如果 } h^R > 0 \end{cases} \quad (2\text{-}10)$$

式中，$u^{\perp L}$、$u^{\perp R}$ 分别为通过网格单元界面左、右的垂直速度，计算式为 $u^{\perp} = un_x + vn_y$，m/s；g 为重力加速度，m/s²；h^L、h^R 分别为网格单元界面左、右的水深，m；变量 h_* 和 $u_*^{\perp}$ 分别为

$$h_* = \frac{1}{g}\left[\frac{1}{2}\left(\sqrt{gh^L} + \sqrt{gh^R}\right) + \frac{1}{4}(u^{\perp L} - u^{\perp R})\right]^2 \quad (2\text{-}11)$$

$$u_*^{\perp} = \frac{1}{2}(u^{\perp L} + u^{\perp R}) + \sqrt{gh^L} - \sqrt{gh^R} \quad (2\text{-}12)$$

式中，$u^{\perp L}$、$u^{\perp R}$ 分别为通过网格单元界面左、右的垂直速度，计算式为 $u^{\perp} = un_x + vn_y$，m/s；g 为重力加速度，m/s²；h^L、h^R 分别为网格单元界面左、右的水深，m。

中间波速 S^M 为[17]

$$S^M = \frac{S^L h^R (u^{\perp R} - S^R) - S^R h^L (u^{\perp L} - S^L)}{h^R (u^{\perp R} - S^R) - h^L (u^{\perp L} - S^L)} \quad (2\text{-}13)$$

式中，S^L、S^R 分别为左波速、右波速，m/s；$u^{\perp L}$、$u^{\perp R}$ 分别为通过网格单元界面左、右的垂直速度，m/s；h^L、h^R 分别为网格单元界面左、右的水深，m。

界面通量 $F^L = F(q^L) \cdot n$、$F^R = F(q^R) \cdot n$ 由式(2-3)计算得出。根据文献[20]，中间波两侧的 F_*^L、F_*^R 分别为

$$F_*^L = \begin{bmatrix} F_{*1} \\ F_{*2} n_x - u^{\parallel L} F_{*1} n_y \\ F_{*2} n_y + u^{\parallel L} F_{*1} n_x \end{bmatrix} \quad (2\text{-}14)$$

$$F_*^R = \begin{bmatrix} F_{*1} \\ F_{*2} n_x - u^{\parallel R} F_{*1} n_y \\ F_{*2} n_y + u^{\parallel R} F_{*1} n_x \end{bmatrix} \quad (2\text{-}15)$$

式中，$u^{\parallel}$ 为网格单元边界的切向速度，$u^{\parallel} = -un_y + vn_x$，m/s；$n_x$、$n_y$ 分别为方向向量 n 在 x 和 y 方向上的分量；中间通量 $F_* = [F_{*1}, F_{*2}]^T$ 通过式(2-16)计算：

$$F_* = \frac{S^R F(q^{\perp L}) - S^L F(q^{\perp R}) + S^L S^R (q^{\perp R} - q^{\perp L})}{S^R - S^L} \quad (2\text{-}16)$$

式中，$q^{\perp} = [h, q_x n_x + q_y n_y]$；$S^L$、$S^R$ 分别为左波速、右波速，m/s；上标 L、R 分别代表边界的左、右侧；$F(q^{\perp})$ 由式(2-17)计算：

$$F(q^{\perp}) = \begin{bmatrix} h u^{\perp} \\ u^{\perp}(q_x n_x + q_y n_y) + gh^2/2 \end{bmatrix} \quad (2\text{-}17)$$

式中，$u^{\perp}$ 为通过网格单元界面的垂直速度，m/s；g 为重力加速度，m/s²；h 为网格单元内的水深，m；n_x、n_y 分别为方向向量 n 在 x 和 y 方向上的分量；q_x、q_y 分别为 x、y 方向上的单宽流量，m²/s。

近似黎曼求解器自动满足 Godunov 格式，在 Godunov 方法中实现 HLLC 近似黎曼求解器有以下步骤：

(1) 计算波速 S^L、S^R 及 S^M；

(2) 计算中间波速 S^M 两侧的 F_*^L、F_*^R；

(3) 根据式(2-8)计算 HLLC 近似黎曼求解器计算式中的通量，并在式(2-5)、式(2-6)中使用。

2.3 时间步进方法

由 2.2 节可知，浅水方程经 Godunov 格式有限体积法积分得到式(2-1)，等式右边的源项分为底坡源项及摩阻源项，即

$$\int_\Omega \frac{\partial q}{\partial t} \mathrm{d}\Omega + \oint_\Gamma F(q) \cdot n \, \mathrm{d}\Gamma = \int_\Omega (S_b + S_f) \, \mathrm{d}\Omega \quad (2\text{-}18)$$

式中，q 为变量矢量，包括水深及两个方向的单宽流量；Ω 为控制体的体积；Γ 为控制体的边界；t 为时间，s；$F(q) \cdot n$ 为边界法线方向的通量矢量；S_b 为底坡源项；S_f 为摩阻源项。

式(2-18)中，第一项时间导数可根据简单差分格式计算转化为 $(q_i^{n+1} - q_i^n)\Omega/\Delta t$，其他项则用显式方法计算，为保证时间尺度精度为二阶，采用龙格-库塔(Runge-Kutta)法实现时间变量步进。龙格-库塔法由数学家马丁·威尔海姆·库塔和卡尔·龙格于 1900 年提出，应用广泛且精度高，对误差有其特有的限定格式。此处通过应用两步龙格-库塔法可获得二阶时间精度，在新时间步长 $n+1$ 中，网格单元 i 的 q_i^{n+1} 为

$$q_i^{n+1} = \frac{1}{2}[(q_i^n + q_i^{n*}) + K(q_i^{n*})] \tag{2-19}$$

中间变量 q_i^{n*} 为

$$q_i^{n*} = q_i^n + K(q_i^n) \tag{2-20}$$

其中，$K(q_i^n)$ 为

$$K(q_i^n) = \frac{\Delta t^n}{\Omega}\left[\int_\Omega S(q^n)\mathrm{d}\Omega - \sum_{k=1}^n F_k(q^n)\cdot n_k l_k\right] \tag{2-21}$$

显式格式方案需要限定时间步长以保持其良好的稳定性，将 CFL 条件用于计算时间步长[21-22]，如式(2-22)所示：

$$\Delta t = \mathrm{CFL}\cdot\min\left(\frac{R_i}{\sqrt{u_i^2+v_i^2}+\sqrt{gh_i}}\right) \tag{2-22}$$

式中，R_i 为三角形网格单元形心到边界的最小距离，m，i 为网格单元编号；u_i、v_i 分别为 x、y 方向的流速，m/s；g 为重力加速度，m/s²；h_i 为网格单元 i 中的水深，m。CFL 取值范围为 $0 < \mathrm{CFL} \leqslant 1$；随着 CFL 从小到大变化，网格计算收敛速度逐渐加快，但是稳定性将逐渐降低。

2.4 边界条件

通过边界处的通量计算获得边界条件。对于开边界(可输移边界)，通量由近似黎曼求解器计算。然而，对于闭边界(反射或固壁边界)，通量直接由式(2-3)计算。特征理论提供了足够的信息来构建关系以计算边界处未知的变量[20,23-24]。边界处变量示意图如图 2-7 所示。假设边界的右侧位于计算域之外，则边界中点 M

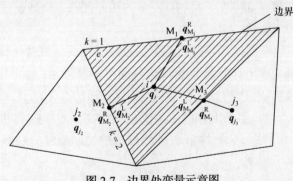

图 2-7 边界处变量示意图

的内外边界变量关系为

$$u_M^{\perp R} + 2\sqrt{gh_M^R} = u_M^{\perp L} + 2\sqrt{gh_M^L} \tag{2-23}$$

式中，上标 L、R 分别表示在边界处左、右(内、外)区域的变量；下标 M 表示变量为网格边界的中心值；$u^\perp$ 为垂直于网格边界法线方向的流速，m/s；g 为重力加速度，m/s²；h 为水深，m。

2.4.1 开边界条件

当使用近似黎曼求解器计算开边界处的通量时，需要边界两侧的流量值。内侧边界的流量值可以由式(2-24)与自适应方法联合计算得出，对于外侧边界的流量计算，必须考虑局部水流流态。

$$\begin{cases} q_{M_k}^L = q_i + \overline{\nabla} q_i \cdot r_{i,M_k} \\ q_{M_k}^R = q_{jk} + \overline{\nabla} q_{jk} \cdot r_{jk,M_k} \end{cases} \tag{2-24}$$

式中，q_i 是网格单元 i 在其形心处的矢量值；上标 L、R 分别表示在边界处左、右(内、外)区域的变量；下标 M_k 表示 k 边的中点；r 为相对于网格单元形心的位置矢量。各变量如图 2-7 所示。

在水流流态为次临界流条件下，入流和出流边界条件可以是水深、流速或单宽流量。如果 $h_M^{\perp R}$ 已知，则 $u_M^{\perp R}$ 为

$$u_M^{\perp R} = u_M^{\perp L} + 2\sqrt{gh_M^L} - 2\sqrt{gh_M^R} \tag{2-25}$$

式中，上标 L、R 分别表示在边界处左、右(内、外)区域的变量；下标 M 表示变量为网格边界的中心值；$u^\perp$ 为垂直于网格边界法线方向的流速，m/s；g 为重力加速度，m/s²；h 为水深，m。

在速度边界条件下，h_M^R 可以由式(2-25)改写为

$$h_M^R = \frac{\left(u_M^{\perp L} + 2\sqrt{gh_M^L} - u_M^{\perp R}\right)^2}{4g} \tag{2-26}$$

式中，上标 L、R 分别表示在边界处左、右(内、外)区域的变量；下标 M 表示变量为网格边界的中心值；$u^\perp$ 为垂直于网格边界法线方向的流速，m/s；g 为重力加速度，m/s²；h 为水深，m。

如果边界处单宽流量 $q_M^{\perp R}$ 已知，且满足关系式 $q_M^{\perp R} = h_M^R u_M^{\perp R}$，则 $u_M^{\perp R}$ 可通过该关系式计算得到，h_M^R 通过式(2-23)计算得到。但在此情况下 h_M^R 计算式为非线性方程，需使用牛顿-拉夫逊迭代方法求解计算式。

当 h_M^R 和 $u_M^{\perp R}$ 已被计算完成，u_M^R 和 v_M^R 则可通过假设边界两侧切向速度相同来进行计算：

$$\begin{cases} u_M^R = u_M^{\perp R} n_x - u_M^{\| R} n_y \\ v_M^R = u_M^{\perp R} n_x + u_M^{\| R} n_y \end{cases} \tag{2-27}$$

式中，上标 R 表示在边界处右(外)区域的变量；下标 M 表示变量为网格边界的中心值；$u^\perp$ 为垂直于网格边界法线方向的流速，m/s；$u^\|$ 为平行于网格边界切线方向的流速，m/s；u、v 分别为沿 x、y 方向的流速，m/s；n_x、n_y 分别为方向向量 $\boldsymbol{n}$ 在 x 和 y 方向上的分量。

q_{xM}^R、q_{yM}^R 通过式(2-28)进行计算：

$$\begin{cases} q_{xM}^R = h_M^R u_M^R \\ q_{yM}^R = h_M^R v_M^R \end{cases} \tag{2-28}$$

式中，上标 R 表示在边界处右(外)区域的变量；下标 M 表示变量为网格边界的中心值；q_x、q_y 分别为沿 x、y 方向的单宽流量，m²/s；h 为水深，m；u、v 分别为沿 x、y 方向的流速，m/s。

在超临界流条件下，网格单元出流边界处的水力要素 h_M^R、q_{xM}^R、q_{yM}^R 分别等于网格单元入流边界的值。最后，对于次临界流和超临界流两种情况，边界上的流量可以基于 q_M^R、q_M^L 及式(2-8)计算得到。

2.4.2 闭边界条件

在闭边界处，采用无滑移条件，法向和切向速度为零，可将式(2-3)改写为式(2-29)计算法向通量 $\boldsymbol{F}(\boldsymbol{q})\cdot\boldsymbol{n}$：

$$\boldsymbol{F}(\boldsymbol{q})\cdot\boldsymbol{n} = \begin{bmatrix} 0 \\ g(h_M^R)^2 n_x/2 \\ g(h_M^R)^2 n_y/2 \end{bmatrix} \tag{2-29}$$

式中，上标 R 表示在边界处右侧区域的变量；下标 M 表示变量为网格边界的中心值；n_x、n_y 分别为方向向量 $\boldsymbol{n}$ 在 x 和 y 方向上的分量；h 为水深，m；g 为重力加速度，m/s²。

根据文献[24]～[26]结论，设定 $h_M^R = h_M^L$。边界左右侧的地表高程也被假设为同一高度，则有 $z_{bM} = \max(z_{bM}^L, z_{bM}^R)$，从而有

$$z_{bM} = z_{bM}^L \tag{2-30}$$

本章主要介绍了基于 Godunov 格式有限体积法的浅水方程整体求解框架。该格式具有很好的守恒性且能有效解决非连续问题，如溃坝激波等。本章重点介绍了基于 Godunov 格式 FVM 框架内的通量(其中包括惯性项和压力项)求解方法，即 HLLC 近似黎曼求解器的原理、推导方法和应用步骤。对不同边界条件下的 HLLC 近似黎曼求解器的实现也予以描述。同时，阐述了基于龙格-库塔法的显式时间步进方法。第 3 章将介绍底坡源项与摩阻源项的独立求解方法。针对复杂地形和流态易出现的数值问题，还将进行静水重构(hydrostatic reconstruction)及干湿边界处理，具体方法将在第 4 章介绍。为提高模型精度，第 5 章将介绍模型的二阶精度格式。净雨量计算的相关过程，如下渗、蒸腾蒸发及植被截留等水文过程模拟方法将在第 6 章进行系统描述。

参 考 文 献

[1] 李义天, 赵明登, 曹志芳. 河道平面二维水沙数学模型[M]. 北京: 中国水利水电出版社, 2001.
[2] COURANT R, FRIEDRICHS K, LEWY H. On the partial difference equations of mathematical physics[J]. Journal of Research & Development, 1967, 11(2): 215-234.
[3] 江绍刚. 潮流数值计算 ADI 方法的研究[J]. 海洋科学, 1988, 12(4): 12-16.
[4] HINO T, MARTINELLI L, JAMESON A. A Finite-Volume Method with Unstructured Grid for Free Surface Flow Simulations[C]. 6th International Conference on Numerical Ship Hydrodynamics, Washington D C, 1993.
[5] TRAN V D, LADISLAV H. Parallelizing Flood Models with MPI: Approaches and Experiences[C]. Computational Science - ICCS 2004, 4th International Conference, Kraków, Poland, Proceedings, Part I. DBLP, 2004.
[6] 于汪洋, 江春波, 刘健, 等. 水文水力学模型及其在洪水风险分析中的应用[J]. 水力发电学报, 2019, 38(8): 87-97.
[7] HOU J, LIANG Q, ZHANG H, et al. An efficient unstructured MUSCL scheme for solving the 2D shallow water equations[J]. Environmental Modelling and Software, 2015, 66(C): 131-152.
[8] 张大伟, 权锦, 马建明, 等. 基于 Godunov 格式的流域地表径流二维数值模拟[J]. 水利学报, 2018, 49(7): 787-794, 802.
[9] GUAN M, LIANG Q. A two-dimensional hydro-morphological model for river hydraulics and morphology with vegetation[J]. Environmental Modelling and Software, 2017, 88(2): 10-21.
[10] LIANG Q, HOU J, AMOUZGAR R. Simulation of tsunami propagation using adaptive cartesian grids[J]. Coastal Engineering Journal, 2015, 57(4): 25-34.
[11] 黄江涛, 高正红, 苏伟. 几种典型迎风格式的分析与比较[J]. 航空计算技术, 2008(1): 1-5, 22.
[12] AUDUSSE E, BRISTEAU M O. A well-balanced positivity preserving "second-order" scheme for shallow water flows on unstructured meshes[J]. Journal of Computational Physics, 2005, 206(1): 311-333.
[13] BERTHON C, MARCHE F. A positive preserving high order VFRoe scheme for shallow water equations: A class of relaxation schemes[J]. SIAM Journal on Scientific Computing, 2008, 30(5): 2587-2612.
[14] LUNA T M, CASTRO D M J, PARESMADRONAL C, et al. On a shallow water model for the simulation of turbidity currents[J]. Communications in Computational Physics, 2009, 6(4): 1-25.
[15] LIANG Q, MARCHE F. Numerical resolution of well-balanced shallow water equations with complex source terms[J]. Advances in Water Resources, 2009, 32(6): 873-884.

[16] WANG Y, LIANG Q, KESSERWANI G, et al. A 2D shallow flow model for practical dam-break simulations[J]. Journal of Hydraulic Research, 2011, 49(3):307-316.

[17] TORO E F, SPRUCE M, SPEARES W. Restoration of the contact surface in the HLL-Riemann solver[J]. Shock Waves, 1994, 4(1): 25-34.

[18] MARCHE F, BONNETON P, FABRIE P, et al. Evaluation of well-balanced bore-capturing schemes for 2D wetting and drying processes[J]. International Journal for Numerical Methods in Fluids, 2007, 53(5): 867-894.

[19] HOU J, SIMONS F, MAHGOUB M, et al. A robust well-balanced model on unstructured grids for shallow water flows with wetting and drying over complex topography[J]. Computer Methods in Applied Mechanics and Engineering, 2013, 257(9): 126-149.

[20] YOON T H, ASCE F, KANG S K. Finite volume model for two-dimensional shallow water flows on unstructured grids[J]. Journal of Hydraulic Engineering, 2004, 130(7): 678-688.

[21] DELIS A I, NIKOLOS I K, KAZOLEA M. Performance and comparison of cell-centered and node-centered unstructured finite volume discretizations for shallow water free surface flows[J]. Archives of Computational Methods in Engineering, 2011, 18(1): 57-118.

[22] DELIS A I, NIKOLOS I K. A novel multidimensional solution reconstruction and edge-based limiting procedure for unstructured cell-centered finite volumes with application to shallow water dynamics[J]. International Journal for Numerical Methods in Fluids, 2013, 71(5): 584-633.

[23] COSTABILE P, COSTANZO C, MACCHIONE F. A storm event watershed model for surface runoff based on 2D fully dynamic wave equations[J]. Hydrological Processes, 2013, 27(4): 554-569.

[24] KUIRY S N, PRAMANIK K, SEN D. Finite volume model for shallow water equations with improved treatment of source terms[J]. Journal of Hydraulic Engineering, 2008, 134(2): 231-242.

[25] SONG L, ZHOU J, GUO J, et al. A robust well-balanced finite volume model for shallow water flows with wetting and drying over irregular terrain[J]. Advances in Water Resources, 2011, 34(7): 915-932.

[26] LIANG Q, BORTHWICK A G. Adaptive quadtree simulation of shallow flows with wet-dry fronts over complex topography[J]. Computers & Fluids, 2009, 38(2): 221-234.

第3章 底坡源项及摩阻源项处理方法

基于第 2 章 Godunov 格式有限体积法，本章详细介绍源项的处理方法，包括底坡源项 S_b 及摩阻源项 S_f。对于底坡源项，本章提出一种底坡源项处理方法——底坡通量法，将单元内底坡源项转化为单元边界上的通量，稳定性更佳。摩阻源项采用分裂点隐式法和显隐式法处理，后者不需进行迭代便可实现隐式计算的效果。

3.1 底坡源项处理方法

Audusse 等[1]提出的底坡源项处理方法能够适应复杂的非结构网格并保持良好的平衡性。然而，对于二阶方案，需要额外的源项来平衡通量[2]。Valiani 等[3]提出了底坡源项的有效散度形式：假设网格内的底部高程和水位线性变化，可以将底坡源项转变为通量。在这些方法的启发下，Hou 等[2]设计了一种新的底坡源项处理方法，将网格的底坡源项转化为其表面通量。该方法将网格单元上的面积分分解成其边界上的线积分，这种处理比 Valiani 等[3]提出方法的精度更高。此外，该方法可以严格保持全稳条件(well-balanced condition 或 C-Property)，全稳条件可保障底坡源项与通量的协调，不会导致动量失衡[4]。该方法结合非负水深重构也能够有效处理干湿边界问题。

在一维情况下，控制单元中底坡源项的积分形式可写为

$$\int_{\Omega_{abcd}} \left(-gh\frac{\partial z_b}{\partial x}\right) \mathrm{d}\Omega \tag{3-1}$$

式中，Ω_{abcd} 为控制体 $abcd$ 的体积；z_b 为底部高程，m；x 为沿 x 方向的距离，m；h 为水深，m；g 为重力加速度，m/s²。

此积分相当于该单元左、右两个子单元的积分之和，并在子单元内化为差分形式，如式(3-2)所示：

$$\int_{\Omega_{abcd}} \left(-gh\frac{\partial z_b}{\partial x}\right) \mathrm{d}\Omega = \int_{\Omega_{abfe}} \left(-gh\frac{\partial z_b}{\partial x}\right) \mathrm{d}\Omega + \int_{\Omega_{cdef}} \left(-gh\frac{\partial z_b}{\partial x}\right) \mathrm{d}\Omega$$

$$= \int_{\Omega_{abfe}} \left[-g \frac{h_1 + h_0}{\Delta x} (z_{b0} - z_{b1}) \right] d\Omega$$

$$+ \int_{\Omega_{cdef}} \left[-g \frac{h_2 + h_0}{\Delta x} (z_{b2} - z_{b0}) \right] d\Omega$$

$$= -g \left[\frac{h_2 + h_0}{2} (z_{b2} - z_{b1}) + \frac{h_1 + h_0}{2} (z_{b0} - z_{b1}) \right] \quad (3\text{-}2)$$

式中，Ω_{abcd} 为控制体 $abcd$ 的体积；h_1、h_2、z_{b0} 和 z_{b2} 分别为左、右两边的水深和底部高程，m；h_0、z_{b0} 分别为控制体 $abfe$ 和 $cdef$ 交界面处的水深和底部高程，m；g 为重力加速度，m/s^2；x 为沿 x 方向的距离，m。

底坡源项法计算如图 3-1 所示，计算结果可以表示为两个阴影部分 $a'b'f'e'$ 和 $c'd'f'e'$ 的面积之和。由此式(3-2)可以改写为通量形式，即

$$-g \left[\frac{h_2 + h_0}{2} (z_{b2} - z_{b0}) + \frac{h_1 + h_0}{2} (z_{b0} - z_{b1}) \right]$$

$$= -g \frac{h_2 + h_0}{2} (z_{b2} - z_{b0}) + g \frac{h_1 + h_0}{2} (z_{b1} - z_{b0})$$

$$= F_{S2} n_2 l_2 + F_{S1} n_1 l_1 \quad (3\text{-}3)$$

式中，F_S 为底坡源项的通量，F_{S1} 和 F_{S2} 为 x 方向上的分量，分别对应于-1 和 1；g 为重力加速度，m/s^2；h_1、h_2、z_{b1} 和 z_{b2} 分别为界面左、右两边的水深和底部高程，m；h_0、z_{b0} 为控制体 $abfe$ 和 $cdef$ 交界面处的水深和底部高程，m；n_1、n_2 分别为 x 方向上的法向分量，分别对应于-1 和 1；在一维情况下 l_1、l_2 的长度均为 1。第一个和第二个的底坡源项通量可以被表示为

$$\begin{cases} F_{S1} = -g(h_1 + h_0)(z_{b1} - z_{b0})/2 \\ F_{S2} = -g(h_2 + h_0)(z_{b2} - z_{b0})/2 \end{cases} \quad (3\text{-}4)$$

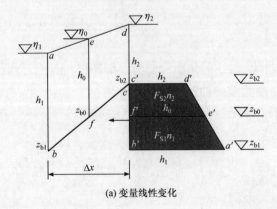

(a) 变量线性变化

第3章 底坡源项及摩阻源项处理方法

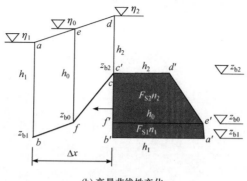

(b) 变量非线性变化

图 3-1 底坡源项法计算[5]

由于水深和底部高程在式(3-4)中均为独立变量，在本方法中允许非线性变化的出现。例如，在图 3-1(b)中，若底部高程与水深的变化在网格单元内呈非线性变化，该方法也可以表征其非线性变化，说明该方法也适用于高于二阶精度的方案。

对于二维问题，底坡源项由式(3-4)可扩展到二维任意网格单元，即将底坡源项转换成通过该单元的所有边界的底坡源项通量的总和。则某一边 f 处的底坡通量的矢量形式为

$$\boldsymbol{F}_{sf}(\boldsymbol{q}) \cdot \boldsymbol{n}_f = \begin{bmatrix} 0 \\ -n_{fx}g(h_M^L + h_L)(z_{bM} - z_{bL})/2 \\ -n_{fy}g(h_M^L + h_L)(z_{bM} - z_{bL})/2 \end{bmatrix} \quad (3-5)$$

式中，g 为重力加速度，m/s²；h^L 和 z_{bL} 分别为网格单元形心处的水深和底部高程，m；h_M^L 与 z_{bM} 分别为网格单元边上的水深和底部高程，m；n_{fx}、n_{fy} 分别为方向向量 $\boldsymbol{n}_f$ 在 x、y 方向上的分量。

网格单元上的底坡源项 S_b 可表示为

$$\int_\Omega S_b \mathrm{d}\Omega = \oint_\Gamma \boldsymbol{F}_{sk}(\boldsymbol{q}) \cdot \boldsymbol{n}_f \mathrm{d}\Gamma = \sum_{k=1}^n \boldsymbol{F}_{sk}(\boldsymbol{q}^n) \cdot \boldsymbol{n}_k l_k \quad (3-6)$$

式中，Ω 为控制体 i 的体积；k 为网格单元边的编号；$\boldsymbol{F}_{sk}(\boldsymbol{q}^n) \cdot \boldsymbol{n}_f$ 为网格单元第 k 边的底坡源项通量；Γ 为控制体 i 的边界；l_k 为第 i 个网格单元 k 边的边长。

三角形网格单元的底坡源项计算变量如图 3-2 所示。

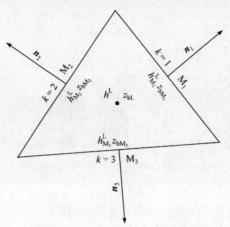

图 3-2 三角形网格单元的底坡源项计算变量[5]

3.2 摩阻源项处理方法

本节介绍两种摩阻源项计算方法,分裂点隐式法和显隐式法。根据谢才公式,式(1-7)中的摩阻源项通量可以表示为

$$\boldsymbol{S}_\mathrm{f} = \begin{bmatrix} 0 \\ S_\mathrm{fx} \\ S_\mathrm{fy} \end{bmatrix} = \begin{bmatrix} 0 \\ -C_\mathrm{f} u\sqrt{u^2+v^2} \\ -C_\mathrm{f} v\sqrt{u^2+v^2} \end{bmatrix} \tag{3-7}$$

式中,S_fx、S_fy 分别为摩阻源项 $\boldsymbol{S}_\mathrm{f}$ 在 x、y 方向上的分量;C_f 为床面摩擦系数,$C_\mathrm{f} = gN^2/(h^n)^{1/3}$,其中 N 为曼宁系数;u、v 分别为 x、y 方向上的流速,m/s。

3.2.1 分裂点隐式法

应用分裂点隐式法[6]计算非结构网格上的摩阻源项。该方法可以通过求解普通微分方程式(3-8)来获得摩阻源项 $\boldsymbol{S}_\mathrm{f}$。

$$\frac{\mathrm{d}\boldsymbol{q}}{\mathrm{d}t} = \boldsymbol{S}_\mathrm{f} \tag{3-8}$$

式中,$\boldsymbol{q}$ 为单宽流量矢量,$\boldsymbol{q} = (q_x, q_y)^\mathrm{T}$,m²/s;$t$ 为时间,s。

采用分裂点隐式格式对式(3-8)进行离散得

$$\frac{\boldsymbol{q}^{n+1} - \boldsymbol{q}^n}{\Delta t} = \boldsymbol{S}_\mathrm{f}^{n+1} \tag{3-9}$$

式中,$\boldsymbol{q}$ 为单宽流量矢量,m²/s;Δt 为单位时间步长,s;n 为时间步长,$n+1$ 为下一时间步长。

第3章 底坡源项及摩阻源项处理方法

摩阻源项 $\boldsymbol{S}_f^{n+1}$ 在 x 和 y 方向的分量用一阶泰勒级数展开得

$$\begin{cases} S_{fx}^{n+1} = S_{fx}^n + (\partial S_{fx}/\partial q_x)^n \Delta q_x \\ S_{fy}^{n+1} = S_{fy}^n + (\partial S_{fy}/\partial q_y)^n \Delta q_y \end{cases} \quad (3\text{-}10)$$

式中，S_{fx}、S_{fy} 分别为摩阻源项 $\boldsymbol{S}_f$ 在 x、y 方向上的分量；q_x、q_y 分别为单宽流量 q 在 x、y 方向上的分量；$\Delta q_x = q_x^{n+1} - q_x^n$，$\Delta q_y = q_y^{n+1} - q_y^n$；$n$ 为时间步长。

将式(3-10)代入式(3-9)，移项后得

$$\begin{cases} q_x^{n+1} = q_x^n + \Delta t (S_{fx}/D_x)^n = q_x^n + \Delta t \overline{S}_{fx} \\ q_y^{n+1} = q_y^n + \Delta t (S_{fy}/D_y)^n = q_y^n + \Delta t \overline{S}_{fy} \end{cases} \quad (3\text{-}11)$$

式中，q_x、q_y 分别为单宽流量 q 在 x、y 方向上的分量；S_{fx}、S_{fy} 分别为摩阻源项 $\boldsymbol{S}_f$ 在 x、y 方向上的分量；$\overline{S}_{fx}$、$\overline{S}_{fy}$ 分别为隐式摩阻源项 $\overline{\boldsymbol{S}}_f$ 在 x、y 方向的分量；Δt 为单位时间步长，s；n 为时间步长；D_x、D_y 分别为隐式系数 $\boldsymbol{D}$ 在 x、y 方向的分量，隐式系数 $\boldsymbol{D}$ 为

$$\boldsymbol{D} = [D_x, D_y]^T = \left[1 - \Delta t (\partial S_{fx}/\partial q_x)^n, 1 - \Delta t (\partial S_{fy}/\partial q_y)^n\right]^T \quad (3\text{-}12)$$

令 $\hat{q} = \sqrt{q_x^2 + q_y^2}$，则式(3-12)可转化为

$$\boldsymbol{D} = \begin{bmatrix} 1 + \dfrac{\Delta t C_f}{h^2}\left(\hat{q} + \dfrac{q_x^2}{\hat{q}}\right) \\ 1 + \dfrac{\Delta t C_f}{h^2}\left(\hat{q} + \dfrac{q_y^2}{\hat{q}}\right) \end{bmatrix}^n \quad (3\text{-}13)$$

式中，C_f 为床面摩擦系数；h 为水深，m；Δt 为单位时间步长，s；q_x、q_y 分别为单宽流量 q 在 x、y 方向上的分量，m²/s；$\hat{q} = \sqrt{q_x^2 + q_y^2}$；$n$ 为时间步长。

为避免式(3-11)出现由高速度和浅水深引起的非物理高摩阻现象，隐式摩阻源项通过式(3-14)[7]所列规则加以约束。

$$\begin{cases} \overline{S}_{fx} \begin{cases} \max\left(-q_x^n/\Delta t, \overline{S}_{fx}\right), & \text{如果 } q_x^n \geqslant 0, \\ \min\left(-q_x^n/\Delta t, \overline{S}_{fx}\right), & \text{如果 } q_x^n < 0, \end{cases} \\ \overline{S}_{fy} \begin{cases} \max\left(-q_y^n/\Delta t, \overline{S}_{fy}\right), & \text{如果 } q_y^n \geqslant 0, \\ \min\left(-q_y^n/\Delta t, \overline{S}_{fy}\right), & \text{如果 } q_y^n < 0 \end{cases} \end{cases} \quad (3\text{-}14)$$

式中，q_x、q_y 分别为单宽流量 q 在 x、y 方向上的分量；$\overline{S}_{fx}$、$\overline{S}_{fy}$ 分别为隐式摩阻源项 $\overline{S}_f$ 在 x、y 方向的分量；Δt 为单位时间步长，s；n 为时间步长。

通过式(3-14)规则的限制，摩擦力不会改变水流的流动方向。在模拟运算时，根据式(3-11)和式(3-14)，通过在每个时间步长开始时更新 q_x^{n+1} 和 q_y^{n+1} 分别得到 q_x^n 和 q_y^n。

3.2.2 显隐式法

对于地表漫流形式的汇流，因水深较浅，存在水深流速在时间步长内变化相对较大的情况。若采用显式摩阻计算格式(分裂点隐式法严格意义上也属于显式)，薄层漫流问题(图 3-3)则可能出现错误解，图 3-4 为薄层水流解析解与模拟值对比。隐式摩阻处理方法可由有效解决这一问题，但隐式格式需要迭代，不利于并行加速计算的开展。鉴于此，本书作者基于隐式格式的概念开发了一种显式

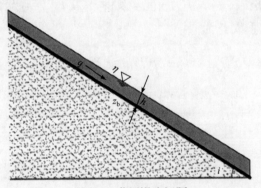

图 3-3 薄层漫流问题

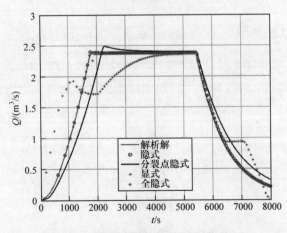

图 3-4 薄层水流解析解与模拟值对比

法来处理浅水方程的摩阻源项。该方法不仅能够通过考虑单一时间步长的流速变化,从而准确地计算复杂的薄层水流情况,而且通过将隐式格式转化为显式格式消除了常规隐式法的冗余迭代,兼顾了计算精度和效率。

由于连续性方程不涉及摩阻源项,则隐式格式仅应用于动量方程。以 x 方向为例,单宽流量 q_x^n 更新为新的时间步长 $n+1$ 的方式表示为

$$q_x^{n+1} = q_x^n + \Delta q_x + \Delta t S_f \tag{3-15}$$

式中,Δt 为单位时间步长,s;n 为时间步长;$\Delta q_x = \boldsymbol{F}(q_x^n, h^n) + \Delta t \boldsymbol{S}_b$,其中 $\boldsymbol{F}$ 为由 HLLC 近似黎曼求解器得出的通量,$\boldsymbol{S}_b$ 为底坡源项,h 为水深,m,$\boldsymbol{F}$ 和 $\boldsymbol{S}_b$ 都需要在计算摩阻源项前由完全显式法得出。将曼宁公式代入方程,式(3-15)改写为

$$q_x^{n+1} = q_x^n + \Delta q_x - \Delta t C_f q_x^2 h^{-2} \tag{3-16}$$

式中,Δt 为单位时间步长,s;n 为时间步长;q_x 为 x 方向的单宽流量,m²/s;C_f 为床面摩擦系数;h 为水深,m。

因为摩阻的计算直接取决于速度,所以摩阻对速度变化的敏感性要大于水深。因此,在新方法中,令与速度相关的变量 q_x 在每个时间步长内变化的同时,水深仍然保持显式格式,使得方程可实现代数求解,单宽流量的计算方式为

$$q_x^{n+1} = q_x^n + \Delta q_x - \Delta t C_f \left(\frac{q_x^{n+1}}{h^n} \right)^2 \tag{3-17}$$

式中,n 为时间步长;q_x 为 x 方向的单宽流量,m²/s;Δt 为单位时间步长,s;h 为水深,m;C_f 为床面摩擦系数,$C_f = gN^2/(h^n)^{1/3}$,N 为曼宁系数,g 为重力加速度,m/s²。

若单宽流量为负值,则式(3-17)需改写为

$$q_x^{n+1} = q_x^n + \Delta q_x + \Delta t C_f \left(\frac{q_x^{n+1}}{h^n} \right)^2 \tag{3-18}$$

式中,n 为时间步长;q_x 为 x 方向的单宽流量,m²/s;Δt 为单位时间步长,s;h 为水深,m;C_f 为床面摩擦系数。

至此,摩阻源项的隐式格式已成为未知变量 q_x^{n+1} 的二次方程,分为以下两种情况进行求解。

(1) 若 $q_x^{n+1} > 0$,式(3-16)可改写为

$$-\frac{\Delta t C_f}{h^2} \left(q_x^{n+1} \right)^2 - q_x^{n+1} + q_x^n + \Delta q_x = 0 \tag{3-19}$$

式中，Δt 为单位时间步长，s；n 为时间步长；q_x 为 x 方向的单宽流量，m²/s；C_f 为床面摩擦系数；h 为水深，m。

对式(3-19)求解得

$$q_x^{n+1} = \frac{1 \pm \sqrt{1 + \dfrac{4\Delta t C_f}{\left(h^n\right)^2}\left(q_x^n + \Delta q_x\right)}}{-\dfrac{2\Delta t C_f}{\left(h^n\right)^2}} \tag{3-20}$$

在这种情况下，为了保证 q_x^{n+1} 为正值，则式(3-20)的正确解应为

$$q_x^{n+1} = \frac{1 - \sqrt{1 + \dfrac{4\Delta t C_f}{\left(h^n\right)^2}\left(q_x^n + \Delta q_x\right)}}{-\dfrac{2\Delta t C_f}{\left(h^n\right)^2}} \tag{3-21}$$

(2) 若 $q_x^{n+1} < 0$，式(3-16)需重新改写为

$$\frac{\Delta t C_f}{h^2}\left(q_x^{n+1}\right)^2 - q_x^{n+1} + q_x^n + \Delta q_x = 0 \tag{3-22}$$

式中，Δt 为单位时间步长，s；n 为时间步长；q_x 为 x 方向的单宽流量，m²/s；C_f 为床面摩擦系数；h 为水深，m。

对式(3-22)求解得

$$q_x^{n+1} = \frac{1 \pm \sqrt{1 - \dfrac{4\Delta t C_f}{\left(h^n\right)^2}(q_x^n + \Delta q_x)}}{\dfrac{2\Delta t C_f}{\left(h^n\right)^2}} \tag{3-23}$$

在这种情况下，为了保证 q_x^{n+1} 为负值，则式(3-22)的解为

$$q_x^{n+1} = \frac{1 - \sqrt{1 - \dfrac{4\Delta t C_f}{\left(h^n\right)^2}(q_x^n + \Delta q_x)}}{\dfrac{2\Delta t C_f}{\left(h^n\right)^2}} \tag{3-24}$$

q_x^{n+1} 为正负值的情况可以通过引入一个绝对值变量，从而将式(3-21)和式(3-24)改写为统一方程。

第3章 底坡源项及摩阻源项处理方法

$$q_x^{n+1} = \frac{1 - \sqrt{1 + \frac{4\Delta t C_f}{(h^n)^2} \frac{|q_x^n|}{q_x^n + \theta}(q_x^n + \Delta q_x)}}{-\frac{2\Delta t C_f |q_x^n|}{(h^n)^2 (q_x^n + \theta)}} \tag{3-25}$$

式中，为防止分母为零，取 $\theta = 1.0\text{e}^{-12}$。

针对图 3-3 所示的薄层漫流问题，若采用该方法[式(3-25)]求解摩阻源项，可实现薄层水流运动的精确计算，如图 3-4 所示。该方法是一种完全显式格式的设计，避免了传统隐式格式的重复迭代过程，且可便捷地嵌入常用的显式格式中。

对于浅水方程，摩阻源项是非线性形式(如 $S_{fx} = -C_f u\sqrt{u^2 + v^2}$ 或 $S_{fx} = -C_f q_x \times \sqrt{q_x^2 + q_y^2}/h^2$)。这些非线性特性使得式(3-19)无解析解。为了保持摩阻源项的隐式格式且使得方程有解析解，将式(3-19)转化为

$$S_{fx} = -C_f \frac{q_x \sqrt{q_x^2 + q_y^2}}{h^2} = -C_f \frac{q_x^2}{h^2} \frac{\sqrt{q_x^2 + q_y^2}}{q_x} \tag{3-26}$$

$$S_{fy} = -C_f \frac{q_y \sqrt{q_x^2 + q_y^2}}{h^2} = -C_f \frac{q_y^2}{h^2} \frac{\sqrt{q_x^2 + q_y^2}}{q_y} \tag{3-27}$$

式中，S_{fx}、S_{fy} 分别为摩阻源项 $\mathbf{S}_f$ 在 x、y 方向上的分量；C_f 为床面摩擦系数；q_x、q_y 分别为 x、y 方向的单宽流量，m^2/s；h 为水深，m。

通过将 $\sqrt{q_x^2 + q_y^2}/q_x$ 和 $\sqrt{q_x^2 + q_y^2}/q_y$ 项表示为显式格式，从而将式(3-17)转换为式(3-28)，并扩展到 y 方向，得到式(3-29)。

$$q_x^{n+1} = q_x^n + \Delta q_x - \Delta t C_f \left(\frac{q_x^{n+1}}{h^n}\right)^2 \frac{\sqrt{(q_x^n)^2 + (q_y^n)^2}}{q_x^n} \tag{3-28}$$

$$q_y^{n+1} = q_y^n + \Delta q_y - \Delta t C_f \left(\frac{q_y^{n+1}}{h^n}\right)^2 \frac{\sqrt{(q_x^n)^2 + (q_y^n)^2}}{q_y^n} \tag{3-29}$$

式中，n 为时间步长；C_f 为床面摩擦系数；q_x、q_y 分别为 x、y 方向的单宽流量，m^2/s；h 为水深，m。

显然，式(3-28)和式(3-29)分别为未知变量 q_x^{n+1} 和 q_y^{n+1} 的一元二次方程，则下一个时间步长的计算式分别为

$$q_x^{n+1} = \frac{1-\sqrt{1+\dfrac{4\Delta t C_f}{\left(h^n\right)^2}\dfrac{\sqrt{\left(q_x^n\right)^2+\left(q_y^n\right)^2}}{q_x^n+\theta}(q_x^n+\Delta q_x)}}{-\dfrac{2\Delta t C_f\sqrt{\left(q_x^n\right)^2+\left(q_y^n\right)^2}}{\left(h^n\right)^2\left(q_x^n+\theta\right)}} \quad (3\text{-}30)$$

$$q_y^{n+1} = \frac{1-\sqrt{1+\dfrac{4\Delta t C_f}{\left(h^n\right)^2}\dfrac{\sqrt{\left(q_x^n\right)^2+\left(q_y^n\right)^2}}{q_y^n+\theta}(q_x^n+\Delta q_x)}}{-\dfrac{2\Delta t C_f\sqrt{\left(q_x^n\right)^2+\left(q_y^n\right)^2}}{\left(h^n\right)^2\left(q_y^n+\theta\right)}} \quad (3\text{-}31)$$

式中，n 为时间步长；C_f 为床面摩擦系数；Δt 为单位时间步长，s；q_x、q_y 分别为 x、y 方向的单宽流量，m²/s；h 为水深，m；θ 为常数，为了避免分母为零，取 $\theta=1.0\mathrm{e}^{-12}$。显然，对于一维情况有 $q_y=0$，则式(3-30)与式(3-25)一致。

本章首先介绍了底坡源项处理方法，即底坡通量法，其将单元内底坡源项转化为单元边界上的通量，并考虑了干湿边界的影响，能够严格保证全稳条件(C-Property)，使复杂情况下的底坡源项与通量保持协调。然后，介绍了摩阻源项处理的两种方法：分裂点隐式法和显隐式法，后者不需进行迭代便可实现隐式计算的效果，能够准确地计算复杂的薄层水流情况，兼顾了计算精度和效率。全稳条件和干湿边界处理方法将在第 4 章阐述。

参 考 文 献

[1] AUDUSSE E, BOUCHUT F, BRISTEAU M O, et al. A fast and stable well-balanced scheme with hydrostatic reconstruction for shallow water flows[J]. SIAM Journal on Scientific Computing, 2004, 25(6): 2050-2065.

[2] HOU J, SIMONS F, MAHGOUB M, et al. A robust well-balanced model on unstructured grids for shallow water flows with wetting and drying over complex topography[J]. Computer Methods in Applied Mechanics & Engineering, 2013, 257(15): 126-149.

[3] VALIANI A, BEGNUDELLI L. Divergence form for bed slope source term in shallow water equations[J]. Journal of Hydraulic Engineering, 2006, 132(7):652-665.

[4] BERMUDEZ A, VAZQUEZ M E. Upwind methods for hyperbolic conservation laws with source terms[J]. Pergamon, 1994, 23(8): 21-36.

[5] COURANT R, FRIEDRICHS K, LEWY H. On the partial difference equations of mathematical physics[J]. IBM Journal of Research & Development, 1967, 11(2): 215-234.

[6] BRYSON S, EPSHTEYN Y, KURGANOV A, et al. Well-balanced positivity preserving central-upwind scheme on triangular grids for the Saint-Venant system[J]. ESAIM: Mathematical Modelling and Numerical Analysis, 2011, 45(3): 423-446.

[7] GREENBERG J M, LEROUX A Y. A well-balanced scheme for the numerical processing of source terms in hyperbolic equations[J]. SIAM Journal on Numerical Analysis, 1996, 33(1): 121-142.

第 4 章 干湿交替过程模拟方法

第 3 章介绍了底坡通量法,通过将网格单元底坡源项变换为单元边界上的通量,进而与其他通量完美协调,实现了全稳条件。但若涉及干湿边界,仍需做特殊处理才能实现全稳条件,否则容易产生非物理现象,如图 4-1 所示的静水模拟失稳。此外,对于动水条件,如洪水涌进和潮汐涨落过程,出现的干湿交替过程在常规模拟中易导致计算失稳(图 4-2),此问题也被称为动边界问题。本章主要介绍通过静水重构来实现干湿边界处全稳条件,以及通过格式自适应方法来保障干湿交替过程模拟的稳定性。

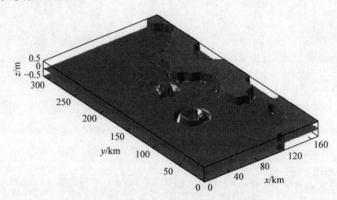

图 4-1 静水模拟失稳(不满足全稳条件)

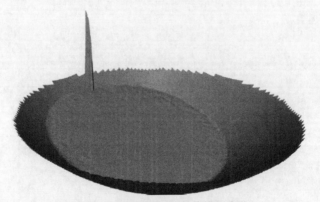

图 4-2 干湿交替过程数值模拟失稳

4.1 全稳条件

浅水方程求解过程中,因为压力项和底坡源项均由重力作用产生,有一定的协调性,所以底坡不平整条件仍能保持静水。实际数值求解过程中,压力项被归为通量而将底坡源项作为源项独立求解,会导致不稳定问题,如静水在计算中会运动,因动量不守恒产生了非物理解(图 4-1)。为满足压力项(静水条件下等于通量)与底坡源项的平衡,需满足全稳条件[1-5]。若方案严格满足复杂地形上静水的稳定静态,则该方案则认为符合全稳条件[6-11]。

21 世纪以来,相关领域学者致力于达成全稳条件,提出了许多浅水方程模型全稳条件方案,其中有一些著名方法,如底坡源项迎风离散化(the upwind discretization of the bed slope terms)方法[12]、数学通量平衡源项法、表面梯度法(the surface gradient methods)[13]、通量校正法(the flux correction method)[14]、静水重构法[8]和数学模型平衡(the mathematical balancing)[15]。这些方法的共同关键点是根据通量来合理地处理底坡源项,以此保证稳定流动状态。底坡源项迎风离散化方法中的底坡源项被投影到通量雅可比行列式的特征向量上。数值通量平衡源项法适用于干网格一阶精度格式,而二阶精度格式 MUSCL 离散化需要进行校正[12,16-18],因此对于干湿边界需要特殊方法处理。在表面梯度法中,通过使用水面高程代替水深作为重构的基础数据以达到全稳条件,但该方法仅适用于受规则边界约束的结构网格。在通量校正方法中,采用引入额外通量的方式来平衡底坡源项,但是这种处理方式可能会导致一些数值不稳定性,如非物理高速和动量不守恒等[14,17-18]。Benkhaldoun 等[19-20]提出了另一种校正方法,通过校正底坡源项的水深而不是引入单一通量来平衡通量,但是该方法无法处理干湿边界。Liang 等开发了数学平衡法,该方法通过控制方程中水位和底部高程差相乘来计算底坡源项[15,21]。数学平衡法较为简洁且平衡效果好,然而,对于非结构网格则可能会导致问题,如不易获得正确水位平均值,但这是保持全稳的必要条件。静水重构法则通过在网格单元边界处重构部分变量值,可便捷平衡通量与底坡源项,且可灵活适应复杂非结构网格。

4.2 静水重构法

若不考虑干湿边界,静水重构法是简单将两个网格单元界面处的底坡高程定义为两个网格单元边界处的最大值,两网格单元边界处的水深和水位则相应地重构,可以很好地满足全稳条件。但若涉及干湿边界,此方法需要做改进调整,改进后的干湿边界静水重构过程如图 4-3 所示。具有干湿边界的问题通常分为两种

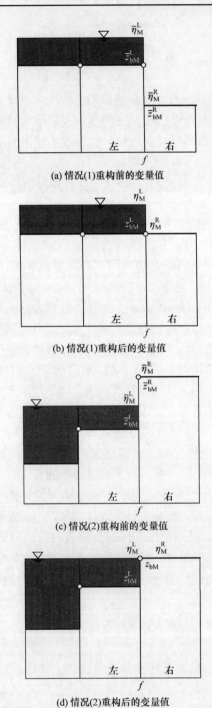

(a) 情况(1)重构前的变量值

(b) 情况(1)重构后的变量值

(c) 情况(2)重构前的变量值

(d) 情况(2)重构后的变量值

图 4-3 改进后的干湿边界静水重构过程[22]

典型情况[情况(1)和情况(2)]，如图 4-3(a)和(b)所示。改进的静水重构法将界面处重构的负水深值强制为零来维持非负水深，并修改相应的水位和底坡高程，以保持干湿界面处的平衡状态和质量守恒，该原理如图 4-3(b)和(d)所示。与图 4-3(a)和(c)中显示的原始值相比较，仅修正右侧的单元边界值便可满足全稳条件，左侧单元边界值(左侧的网格单元为研究网格)保持不变[7]，具体实现步骤如下。

在重构之前，单元边 f 中点 M 处底部高程定义为

$$z_{bM} = \max(\bar{z}_{bM}^L, \bar{z}_{bM}^R) \tag{4-1}$$

式中，z_{bM} 为单元边 f 中点 M 处的底部高程，m；上标 L、R 分别代表单元边 f 的左、右侧；上标 − 代表重构前的原始值；下标 M 代表网格边的中点。

首先，在 M 处的底部高程和左侧的水位之间选择较低的值作为该处底坡的新高程，以确保重构的底部高程不高于左侧水位。

$$z_{bM} = \min(z_{bM}, \bar{\eta}_M^L) \tag{4-2}$$

式中，z_{bM} 为单元边 f 中点 M 处的底部高程，m；上标 L 代表单元边 f 的左侧；η 为水面高程，m；上标 − 代表该数值为重构前的原始值；下标 M 代表网格边的中点。

其次，重构两侧水深，同时确保在干湿界面处右侧水位与式(4-2)的 z_{bM} 相同。

$$\begin{cases} h_M^R = \max(0, \bar{\eta}_M^R - z_{bM}) - \max(0, \bar{z}_{bM}^R - z_{bM}) \\ h_M^L = \bar{\eta}_M^L - z_{bM} \end{cases} \tag{4-3}$$

式中，h 为水深，m；η 为水面高程，m；z_b 为底部高程，m；上标 L、R 分别代表单元边 f 的左、右侧；上标 − 代表该数值为重构前的原始值；下标 M 代表网格边的中点。

最后，重构界面两侧的流量，如式(4-4)所示：

$$\begin{cases} q_{xM}^R = h_M^R \bar{u}_M^R, \quad q_{yM}^R = h_M^R \bar{v}_M^R \\ q_{xM}^L = h_M^L \bar{u}_M^L, \quad q_{yM}^L = h_M^L \bar{v}_M^L \end{cases} \tag{4-4}$$

式中，q_x 和 q_y 分别单宽流量 q 在 x 和 y 方向上的分量，m²/s；u 和 v 分别为流速在 x 和 y 方向上的分量，m/s；上标 L、R 分别代表单元边 f 的左、右侧；上标 − 代表该数值为重构前的原始值；下标 M 代表网格边的中点。

式(4-3)和式(4-4)中重构的新值代入近似黎曼求解器中来计算质量和动量的通量。因此，式(2-3)中的通量 $F_f(q^n) \cdot n_f$ 可以表示为

$$F_f(q^n) \cdot n_f = F_f(h_M^L, q_{xM}^L, q_{yM}^L, h_M^R, q_{xM}^R, q_{yM}^R, n_f) \tag{4-5}$$

式中，h 为水深，m；q_x 和 q_y 分别单宽流量 q 在 x 和 y 方向上的分量，m²/s；n_f 为边 f 的方向向量；上标 L、R 分别代表单元边 f 的左、右侧；下标 M 代表网格边的中点。

如果将水位作为变量，则 M 处的水位可表示为

$$\begin{cases} \eta_M^R = h_M^R + z_{bM} \\ \eta_M^L = \bar{\eta}_M^L \end{cases} \tag{4-6}$$

式中，h 为水深，m；η 为水面高程，m；z_b 为底部高程，m；上标 L、R 分别代表单元边 f 的左、右侧；上标 - 代表该数值为重构前的原始值；下标 M 代表网格边的中点。

对于底坡源项的求解，也需要用重构后的值来计算，可将左侧单元的重构界面水深(水位)和底部高程代入式(3-6)中来计算底坡源项。若与近似黎曼求解器配合使用，可实现任意复杂水流条件下的全稳条件。

此外，若时间步长较大，底坡源项引起的过大作用力可能会将过多的水拖向相邻低地形网格单元内，导致该网格单元内出现负水深的情况[图 4-3(a)左侧单元]。静水重构法通过修正边 f 处变量可将图 4-3(a)中的水力情况转化为图 4-3(b)中的情况，通过选择适当的近似黎曼求解器，如 HLLC 近似黎曼求解器，可以保证非负水深及质量守恒，有效保障了模型的稳定性[23]。

4.3 干湿边界处理

对于动态干湿边界问题，数值求解格式的主要挑战是消除数值不稳定性，否则将产生非物理解，如超高流速与负水深的问题，且会影响质量守恒和动量守恒。研究模拟动态干湿问题的数值方法是近两个世纪水动力学模拟的一项主要任务。

Bradford 等[24]改变了自由曲面重建方法，并用 Neumann 外推法更新了干湿边界附近的速度，以防止杂波的产生。Brufau 等[25]提出了一种定义稳定流及不稳定流干湿条件的方法，同时对局部底坡进行了重新定义，以控制数值不稳定。两种方法均表明，在水量消退过程中，可能会出现相关网格单元水量透支的情况，因此需加一个校正步骤，以补偿相邻湿网格的透支水量。Castro 等[26]提出了将干湿边界视为内边界的方法，也得到广泛应用[11-12,27]。对于底坡过陡情况，此种方法可能会导致干网格中负水深的出现，因此仍需要结合上述校正步骤以防止失稳。Murillo 等[28]提出了一种与底坡和流量变化有关的稳定条件，但这种方法极大地限制了时间步长，产生较大的计算量。Begnudelli 等[14,29]提出

了自由表面体积关系(volume free-surface relationship，VFR)方法及通量修正方法来应对干湿边界问题。基于 VFR 方法，Song 等[18]开发了一种底坡模型追踪干湿边界方法，但是由于直接将负水深设定为零，未能保证质量守恒。上述大多数方法需要干湿判别条件或干网格水深阈值 ε_{wd}，Casulli[30]开发了一种不需要此参数的新方法，这种方法通过求解一个附加的非线性方程来追踪干湿边界，实现过程较为复杂。

Zokagoa 等[31]提出了在干湿边界处的自由表面校正(free-surface correction，FSC)方法，以避免在不利的陡坡上产生的虚假数值振荡。该方法通常用于考虑边的中点速度，如式(4-7)所示：

$$u_M = q_{xM}/h_M, \quad v_M = q_{yM}/h_M \tag{4-7}$$

式中，u_M 和 v_M 分别为流速在网格边的中点 x 和 y 方向上的分量，m/s；q_x 和 q_y 分别为 x 和 y 方向上的单宽流量，m²/s；h 为水深，m。

对于一阶精度格式，u_M 和 v_M 相当于网格形心的速度，因此不会出现极端值。对于二阶精度格式，使用总变差不增(total variation diminishing，TVD)格式或 MUSCL 等方法外推得到 q_{xM}、q_{yM} 和 h_M。干湿边界网格 MUSCL 重建结果如图 4-4 所示。在这种情况下，尽管 q_x、q_y 和 h_M 是单调变化的，但通过外推值 q_{xM}、q_{yM} 和 h_M 计算出的流速 u_M 和 v_M 可能不能保证单调变化。特别是在浅水深和地形复杂的区域(如图 4-5 中的敏感部位)，可能得到错误的通量，出现负水深和极端高流速等非物理值。若使用 CFL 条件来保持数值稳定性，极端高流速将缩短时间步长，增加计算时长。

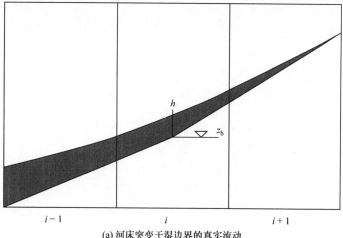

(a) 河床突变干湿边界的真实流动

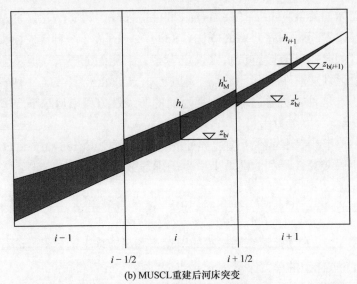

(b) MUSCL重建后河床突变

图 4-4　干湿边界网格 MUSCL 重建结果

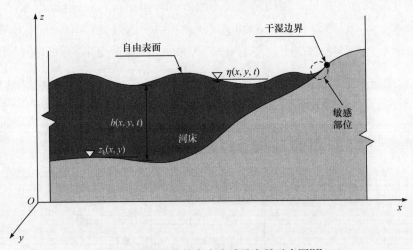

图 4-5　干湿边界的自由流动及变量示意图[32]

对于使用 MUSCL 方法和 CFL 条件计算时出现的问题可以通过直接使用原始变量(primitive variable, PV) (u, v) 而不是保守变量(concervative variable, CV) (q_x, q_y) 来避免，但是会在临界流中产生更多的动量损失。因此，Begnudelli 等[29]设计了一种自适应方法，即通过弗劳德数 Fr 来改变变量，如当 $Fr > 1$ 时使用原始变量。但是无法根除这个问题，这是因为敏感部位中仍可能存在临界流现象，出现不合理的 u_M 和 v_M，可以通过引入一个新的计算式(4-8)来解决这个问题。

$$u_M = \frac{\sqrt{2}h_M q_{xM}}{\sqrt{h_M^4 + \max(h_M^4, \varepsilon)}}, \quad v_M = \frac{\sqrt{2}h_M q_{yM}}{\sqrt{h_M^4 + \max(h_M^4, \varepsilon)}} \quad (4-8)$$

式中，u_M 和 v_M 分别为流速在网格边的中点 x 和 y 方向上的分量，m/s；q_x 和 q_y 分别为 x 和 y 方向上的单宽流量，m²/s；h 为水深，m；ε 是允许公差，在文献[33]中，$\varepsilon = \Delta x^4$ 和 $\varepsilon = T^2$ (T 是最大单元的面积)。

如果 h_M 小于网格单元大小，则 u_M 和 v_M 会被式(4-8)修正，因此可以避免可能的极端高速度。然而，由于 u_M 和 v_M 在其他情况下被修改，如当 $h_M < \Delta x$ 时，式(4-7)计算得到的 u_M 和 v_M 可能会导致结果误差。

通常而言，采用第 2、3 章推荐的通量、底坡源项及本章的静水重构法，一阶精度格式不会导致干湿交替的计算失稳，也就是说 u_M 和 v_M 不会出现极端值，但二阶或高阶精度格式在复杂网格上仍会产生错误解，也可以通过在问题区域将二阶精度格式局部转换为一阶精度格式来消除数值振荡。因此，合理判别何处需要一阶精度格式为此类方法保障精度和稳定性的核心。Song 等[18]建议水深 h_M 小于一个极小值 $\delta_h = 0.1\text{m}$ 的条件下，规定网格单元边界上的值与网格形心值相同，且 u_M 和 v_M 不能超过预设限定值 δ_v (δ_h 或 δ_v 视情况而定的)。Liang[21]提出了类似的干湿边界自适应方法，即在远离干湿边界的湿网格单元的边界以二阶精度格式外推变量值，在干网格单元和其毗邻的湿网格单元处采用一阶精度格式。然而，在模拟剧烈变形地形上的干湿交替过程，特别是复杂的非结构网格，该方法仍然会产生非物理解(图 4-5 中的敏感部位)。

研究发现，非物理解不仅易出现在干网格单元相邻的湿网格单元，也可能出现在干湿界面附近，水深急剧变化的部位。故采用水深变化和水深共同作为判别条件，若水深变化超过某一值或水深小于某阈值时，格式自动降阶为一阶。第一个判别条件为水深变化，即网格单元边缘处水深重构值与单元形心处水深重构值之比应小于常数 γ，如式(4-9)所示：

$$\frac{h_M^L}{h_i} \leqslant \gamma \quad (4-9)$$

式中，h_i 为网格单元 i 形心处的水深，m；上标 L 代表单元边的左侧；下标 M 代表网格边的中点；$\gamma < 1$。

γ 应根据算例的测试计算结果进行合理取值，γ 越大，符合这一标准的网格单元就越多。第二个判别条件为水深与地形高程变化的关系，即网格单元边界水深小于所考虑的单元 i 形心处与边界中点处 M 的地形高度之差，如式(4-10)所示：

$$h_M^L \leqslant \left| z_{bM}^L - z_{bi} \right| \quad (4-10)$$

式中，h 为水深，m；z_b 为底部高程，m；z_{bi} 为网格单元 i 的形心处的水深，m；上标 L 代表单元边的左侧；下标 M 代表网格边的中点。

如果一个网格单元的一个或多个边界满足这两个判别条件，则可以认为该网格单元是一个潜在的问题网格单元，可能出现具有局部极端值的超高速度。在这个单元中，采用一阶精度格式，即认为单元边缘的变量值与单元形心的变量值相同，以消除数值不稳定性。

除了对二阶精度格式中存在问题的湿网格单元进行转换外，该方案还将靠近干湿界面的干网格单元转换为一阶精度格式。其他与干湿界面不相邻的干网格单元不参与任何计算，这是因为当使用显式格式时，它们通常在新的时间步长仍然保持干燥条件。为了区分干湿网格单元，引入水深阈值 ε_{wd} 的概念，通常取 $\varepsilon_{wd} = 1\times10^{-6}$ m[25]。

综上所述，在满足条件式(4-11)的单元中，二阶精度格式被简化为一阶精度格式。

$$h_M^L \leqslant \min(|z_{bM}^L - z_{bi}|, \gamma h_i) \text{ 或 } h_i \leqslant \varepsilon_{wd} \tag{4-11}$$

式中，h 为水深，m；z_b 为底部高程，m；z_{bi} 为网格单元 i 形心处的水深，m；h_i 为网格单元 i 形心处的水深，m；γ 为常数；ε_{wd} 为水深阈值；上标 L 代表单元边的左侧；下标 M 代表网格边的中点。

使用保守变量二阶方案中的湿网格单元及与干湿界面相邻的干网格单元，都有可能是问题单元。

上述方法具有如下优点：能够有效防止局部出现的极端速度和由此产生的数值不稳定性，从而保证了模型的稳定性；在实际应用中通常设定 γ 和 ε_{wd} 分别为 0.25 和 1×10^{-6} m 能够达到很好的模拟计算结果；该方法不依赖于模型使用的重构程序，因此可以通过适当修改 γ 和 ε_{wd} 灵活地与 MUSCL 重构耦合使用；干湿界面附近的干网格单元和有问题的湿网格单元的模拟计算应用一阶精度格式，比二阶精度格式更节约运算量，从而提高了模型效率。

本章主要介绍了全稳条件的必要性及处理方法，重点介绍了静水重构法的原理、推导方法和应用步骤，该方法能够便捷地平衡通量与底坡源项，且可灵活适应复杂非结构网格。干湿边界处理方法也予以描述，即采用水深变化和水深共同作为判别条件的新式处理方法，能够有效防止局部出现的极端速度以及由此产生的数值不稳定性，并保证计算效率。二阶精度格式模拟计算方法将在第 5 章介绍。

参 考 文 献

[1] GREENBERG J M, LEROUX A Y. A well-balanced scheme for the numerical processing of source terms in hyperbolic

equations[J]. SIAM Journal on Numerical Analysis, 1996, 33(1): 36-58.

[2] CENDÓN V, ELENA M. Improved Treatment of Source Terms in Upwind Schemes for The Shallow Water Equations in Channels with Irregular Geometry[M]. Pittsburgh: Academic Press, 1999.

[3] PARÉS C, CASTRO M. On the well-balance property of Roe's method for nonconservative hyperbolic systems. Applications to shallow-water systems[J]. ESAIM: Mathematical Modelling and Numerical Analysis, 2004, 38: 821-852.

[4] GALLARDO J M, PARÉS C, CASTRO M. On a well-balanced high-order finite volume scheme for shallow water equations with topography and dry areas[J]. Journal of Computational Physics, 2007, 227(1): 574-601.

[5] BERMUDEZ A, VAZQUEZ M E. Upwind methods for hyperbolic conservation laws with source terms[J]. Pergamon, 1994, 23(8): 35-47.

[6] REBOLLO T C, DELGADO A D, NIETO E D. A family of stable numerical solvers for the shallow water equations with source terms[J]. Computer Methods in Applied Mechanics & Engineering, 2003, 192(1): 203-225.

[7] AUDUSSE E, BRISTEAU M O. A 2D well-balanced positivity preserving second order scheme for shallow water flows on unstructured meshes[J]. Journal of Computational Physics, 2004, 206(1): 311-333.

[8] AUDUSSE E, BOUCHUT F, BRISTEAU M O, et al. A fast and stable well-balanced scheme with hydrostatic reconstruction for shallow water flows[J]. SIAM Journal on Scientific Computing, 2004, 25(6): 2050-2065.

[9] ERN A, PIPERNO S, DJADEL K. A well-balanced Runge-Kutta discontinuous galerkin method for the shallow-water equations with flooding and drying[J]. International Journal for Numerical Methods in Fluids, 2010, 58(1): 1-25.

[10] KIM D H, CHO Y S, KIM H J. Well-balanced scheme between flux and source terms for computation of shallow-water equations over irregular bathymetry[J]. Journal of Engineering Mechanics, 2008, 134(4): 277-290.

[11] DELIS A I, KAZOLEA M, KAMPANIS N A. A robust high - resolution finite volume scheme for the simulation of long waves over complex domains[J]. International Journal for Numerical Methods in Fluids, 2010, 56(4): 419-452.

[12] HUBBARD M E, GARCIA-NAVARRO P. Flux difference splitting and the balancing of source terms and flux gradients[J]. Journal of Computational Physics, 2000, 165(1): 89-125.

[13] ZHOU J G, CAUSON D M, MINGHAM C G, et al. The surface gradient method for the treatment of source terms in the shallow-water equations[J]. Journal of Computational Physics, 2001, 168(1): 1-25.

[14] BEGNUDELLI L, SANDERS B F. Unstructured grid finite-volume algorithm for shallow-water flow and scalar transport with wetting and drying[J]. Journal of Hydraulic Engineering, 2006, 132(4): 371-384.

[15] LIANG Q, MARCHE F. Numerical resolution of well-balanced shallow water equations with complex source terms[J]. Advances in Water Resources, 2009, 32(6): 873-884.

[16] DELIS A I, NIKOLOS I K, KAZOLEA M. Performance and comparison of cell-centered and node-centered unstructured finite volume discretization for shallow water free surface flows[J]. Archives of Computational Methods in Engineering, 2011, 18(1): 57-118.

[17] NIKOLOS I K, DELIS A I. An unstructured node-centered finite volume scheme for shallow water flows with wet/dry fronts over complex topography[J]. Computer Methods in Applied Mechanics & Engineering, 2009, 198(47-48): 3723-3750.

[18] SONG L, ZHOU J, LI Q, et al. An unstructured finite volume model for dam-break floods with wet/dry fronts over complex topography[J]. International Journal for Numerical Methods in Fluids, 2011, 67(8): 960-980.

[19] BENKHALDOUN F, ELMAHI I, SEAID M. Well-balanced finite volume schemes for pollutant transport by shallow water equations on unstructured meshes[J]. Journal of Computational Physics, 2007, 226(1): 180-203.

[20] BENKHALDOUN F, SAHMIM S, SEAID M. A two-dimensional finite volume morphodynamic model on unstructured triangular grids[J]. International Journal for Numerical Methods in Fluids, 2009, 63(11): 1296-1327.

[21] LIANG Q. Flood simulation using a Well-balanced shallow flow model[J]. Journal of Hydraulic Engineering, 2010, 136(9): 669-675.

[22] 宋文龙, 杨胜天, 路京选, 等. 黄河中游大尺度植被冠层截留降水模拟与分析[J]. 地理学报, 2014, 69(1):80-89.

[23] WANG Y, LIANG Q, KESSERWANI G, et al. A 2D shallow flow model for practical dam-break simulations[J]. Journal of Hydraulic Research, 2011, 49(3): 307-316.

[24] BRADFORD S F, SANDERS B F. Finite-volume model for shallow-water flooding of arbitrary topography[J]. Journal of Hydraulic Engineering, 2002, 128(3): 289-298.

[25] BRUFAU P, GARCÍA-NAVARRO P, VÁZQUEZ-CENDÓN M P. Zero mass error using unsteady wetting-drying conditions in shallow flows over dry irregular topography[J]. International Journal for Numerical Methods in Fluids, 2010, 45(10): 1047-1082.

[26] CASTRO M J, FERREIRO A M F, GARCÍA-RODRÍGUEZ J A, et al. The numerical treatment of wet/dry fronts in shallow flows: Application to one-layer and two-layer systems[J]. Mathematical and Computer Modelling, 2005, 42(3-4): 419-439.

[27] CEA L, PUERTAS J, VÁZQUEZ-CENDÓN M E. Depth averaged modelling of turbulent shallow water flow with wet-dry fronts[J]. Archives of Computational Methods in Engineering, 2007, 14(3): 303-341.

[28] MURILLO J, GARCÍA-NAVARRO P, BURGUETE J, et al. A conservative 2D model of inundation flow with solute transport over dry bed[J]. International Journal for Numerical Methods in Fluids, 2006, 52(10): 1059-1092.

[29] BEGNUDELLI L, SANDERS B F. Conservative wetting and drying methodology for quadrilateral grid finite-volume models[J]. Journal of Hydraulic Engineering, 2007, 133(3): 312-322.

[30] CASULLI V. A high-resolution wetting and drying algorithm for free-surface hydrodynamics[J]. International Journal for Numerical in Fluids, 2009, 60(4): 391-408.

[31] ZOKAGOA J M, SOULAÏMANI A. A POD-based reduced-order model for uncertainty analyses in shallow water flows[J]. International Journal of Computational Fluid Dynamics, 2018, 32(6): 1-15.

[32] LIANG Q, BORTHWICK A G. Adaptive quadtree simulation of shallow flows with wet-dry fronts over complex topography[J]. Computers & Fluids, 2009, 38(2): 221-234.

[33] BRYSON S, EPSHTEYN Y, KURGANOV A, et al. Well-balanced positivity preserving central-upwind scheme on triangular grids for the Saint-Venant system[J]. ESAIM: Mathematical Modelling and Numerical Analysis, 2011, 45(3):423-446.

第5章 二阶精度格式

对于非连续解问题，如溃坝和临界流等存在激波的水力学问题，一阶精度格式容易产生数值扩散问题，影响激波捕捉的精度，如图 5-1 中所示的 FOU 格式计算结果。为提高模型精度，需采用二阶或更高阶精度格式(也称为高分辨率格式)来计算，但二阶或更高阶精度格式若不做处理，如简单中心差分(central difference, CD)格式捕捉激波，则会出现数值振荡(图 5-1)。为平衡数值扩散和数值振荡问题，需对二阶或高阶精度格式做特殊处理。常规计算流体力学方法有 TVD 格式[1]、MUSCL 格式[2]和 WENO(weighted essentially non-oscillatory)格式[3]等。对于地表水文水动力过程模拟，一般二阶精度格式可以满足实际工程应用要求。因此，本书仅介绍二阶精度格式且仅采用 TVD 和 MUSCL 格式。

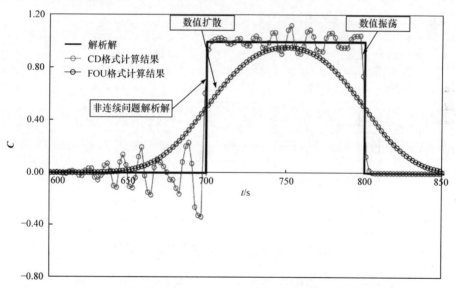

图 5-1 非连续解问题的数值扩散和数值振荡问题(C 为无量纲数)

以色列的 Harten 于 1983 年提出了 TVD 格式，该格式通过控制总变差不增加的原理来解决激波捕捉法中的数值振荡问题，并达到二阶计算精度的效果[1]。荷兰学者 van Leer[4]提出了 MUSCL 方法，该方法假定某一物理量在控制单元内呈线性分布来代替分段的常数分布，用控制网格单元内空间分布坡度来控制网格单元边界上的变量值不出现局部极值，进而达到控制数值振荡的效果。本书中，

TVD 和 MUSCL 格式区别为,TVD 格式采用不同的变量梯度在不同网格单元边界上重构变量值。MUSCL 格式则是在整个网格单元内采用同一限制变量梯度来插值边界上的变量值。

5.1　一维非结构网格 TVD 格式

TVD 格式使用总体变化(total variation,TV)不增加的原理来确保单调性。TVD 格式的实现可通过在计算单元界面上通过引入限制器的形式来重构变量值。为通用起见,本章将变量 q 定义为通用变量,对于一维非结构网格(图 5-2),所选单元界面的变量值可通过方程(5-1)计算:

$$q_f = q_{i-1,i} = q_{i-1} + \frac{1}{2}\psi(r_{i-1,i})(q_i - q_{i-1}) \tag{5-1}$$

式中,q_f 为所选单元界面的变量;下标 i 为网格单元编号;$\psi(r_{i-1,i})$ 为变量限制函数,有大量 TVD 格式变量函数可选;$r_{i-1,i}$ 为 $i-1$ 网格到 i 网格的变量坡度变化因子,$r_{i-1,i} = (q_{i-1} - q_{i-2})/(q_i - q_{i-1})$。

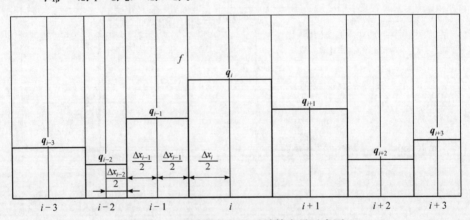

图 5-2　一维非结构网格及计算变量示意图

TVD 格式是基于均匀网格框架导出,不适用于非均匀网格上。为解决原 TVD 格式的不足,对于一维非均匀网格,TVD 格式可做如下改进,变量 $q_{i-1,i}$ 可以表示为

$$q_{i-1,i} = q_{i-1} + \frac{1}{R_{i-1,i}}\psi(r_{i-1,i})(q_i - q_{i-1}) \tag{5-2}$$

式中,下标 i 为网格单元编号;$\psi(r_{i-1,i})$ 为变量限制函数;$R_{i-1,i}$ 为网格单元尺寸变化调整系数,由式(5-3)计算:

$$R_{i-1,i} = \frac{\Delta x_i + \Delta x_{i-1}}{\Delta x_{i-1}} \tag{5-3}$$

式中，Δx 为单元网格长度；下标 i 为网格单元编号。

考虑到网格单元大小的差异后，变量坡度变化因子 $r_{i-1,i}$ 调整为

$$r_{i-1,i} = \frac{(q_{i-1} - q_{i-2})/(\Delta x_{i-1} + \Delta x_{i-2})}{(q_i - q_{i-1})/(\Delta x_i + \Delta x_{i-1})} \tag{5-4}$$

非均匀结构网格的 TVD 格式变量限制函数 $\psi(r)$ 也需做相应改进，本书以改进 van Leer 和 Super Bee 方法为例，忽略下标 $(i-1,i)$，变量限制函数分别表示如下。

(1) 改进 van Leer 方案：

$$\psi(r) = \frac{0.5Rr + 0.5R|r|}{R - 1 + r} \tag{5-5}$$

(2) 改进 Super Bee 方案：

$$\psi(r) = \max[0, \min(R \cdot r, 1), \min(r, R)] \tag{5-6}$$

式中，$\psi(r)$ 为 TVD 格式变量限制函数；R 为网格单元尺寸变化调整系数；r 为变量坡度变化因子。

5.2 二维非结构网格 TVD 格式

对于二维结构网格，应用上述一维 TVD 格式在两个方向重构变量值即可。对于二维非结构网格，如三角形网格，因其空间不规则性，需将 TVD 格式根据网格几何特征做出调整。本节介绍三种非结构网格 TVD 格式。

5.2.1 二维非结构网格 TVD 格式Ⅰ

为了消除一维非结构网格条件下改进的 TVD 格式被笛卡儿坐标限制的缺陷，Bruner 等[5]开发了一种在非结构网格上应用 TVD 格式的通用方法。该方法对 r 进行了修正，使其适合于非结构网格，但影响了计算精度。Darwish 等[6]提出了一个改进的 r 算法来提升计算精度。之后，Li 等[7]提出了一种基于 Darwish 计算方法的新 r 算法，该算法在精度和单调性方面都有较好的表现。尽管上述格式对 r 算法进行了改进，但是所采用的变量限制函数 ψ 则是从均匀网格中派生出来的，显然影响精度。为解决上述问题，Hou 等[8]基于一维非结构网格 TVD 格式，发展了一种使用于二维非结构网格的 TVD 格式，对其变量限制函数 ψ 和 r 都进行了改进。本小节格式通过构造一个虚拟迎风节点 U 来解决一维问题，并用

Li 等[7]的算法计算 U 和 q。

在计算网格单元边界上的变量值时,需要在交界面 f 附近有三个直接相邻的节点(如图 5-3 所示,分别为本单元形心 D、迎风单元形心 C 和虚拟迎风节点 U),根据这三个节点的变量值直接采用一维非结构网格 TVD 格式。节点 D 和 C 之间的交界面上变量 $q_{(C,D)}$ 可表示为

$$q_{(C,D)} = q_C + \frac{1}{R_{(C,D)}} \psi(r_{(C,D)})(q_D - q_C) \tag{5-7}$$

式中,$R_{(C,D)} = (L_{Cf} + L_{fD})/L_{Cf}$,$L_{Cf}$ 和 L_{fD} 分别为交界面 f 与节点 C、D 之间连线交叉点到两点的距离;$\psi(r_{(C,D)})$ 为 TVD 变量限制函数。

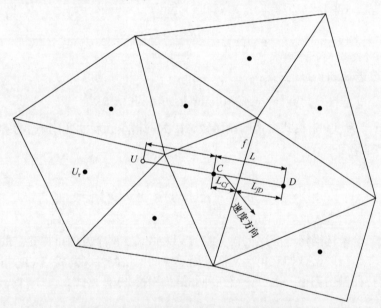

图 5-3 二维非结构网格 TVD 格式 I 示意图[9]

$r_{(C,D)}$ 由式(5-8)计算得

$$r_{(C,D)} = \frac{q_C - [q_{U_r} + d_{UU_r} \cdot (\nabla q)_{U_r}]}{q_D - q_C} \tag{5-8}$$

式中,d_{UU_r} 为节点 U 和 U_r 之间的向量;∇q 为变量梯度;TVD 变量限制函数 $\psi(r_{(C,D)})$ 可用式(5-5)和式(5-6)来确定。

与 Li 等[7]的方法相比,该方法更适用于网格单元大小不均匀的非结构网格。然而,对于改进后的 Super Bee 格式,二维网格单元上模拟结果的改善并不如预期的显著,仍会存在数值振荡。该缺陷不仅取决于 TVD 格式本身,也在于将一

维 TVD 格式扩展到二维非结构网格 TVD 格式的方式。所用的 TVD 格式在一维任意网格上有良好的应用效果且具有可靠的理论支持,因此研究重点为二维非结构网格扩展的方法。

5.2.2 二维非结构网格 TVD 格式 II

5.2.1 小节的方法是在节点 C 和 D 的延长线上定义前迎风节点 U(图 5-3)。显然,忽略了法向量变量在控制通量中的重要作用,这也是该方法在二维非结构网格上精度损失的一个重要原因。Hou 等[8]提出了一套新方法,在二维非结构网格上沿与所考虑网格单元边界上的法向方向定义节点 U、C 和 D,为了提高计算效率,将节点 U、C 和 D 近似为距离最近网格单元的形心值。如图 5-4 所示,所需变量沿着穿过网格边界中心的垂线 l 确定。也就是说,节点 C 和 D 的定义不再与网格单元形心 C_r 和 D_r 一致,而是与垂直于 l 且通过 C_r 和 D_r 的垂足一致。对于第二个必要的迎风节点 U,它被定义为直线 l 和通过形心 U_r 的垂线交点,U_r 为距直线 l 最近的迎风网格单元形心。可通过比较 l 与顶点 P_2 附近所有网格单元形心之间的距离(网格单元 C_r 除外)来选择 U_r(P_2 是迎风网格单元 C_r 中与交界面 f 所对的顶点)。例如,图 5-4 中 U_r 就是通过比较直线 l 与网格单元 1、2、3、4 之间的距离来确定。由于 L_{UC} 和 L_{CD}(节点 U 和 C 之间的距离以及节点 C 和 D 之间的距离)

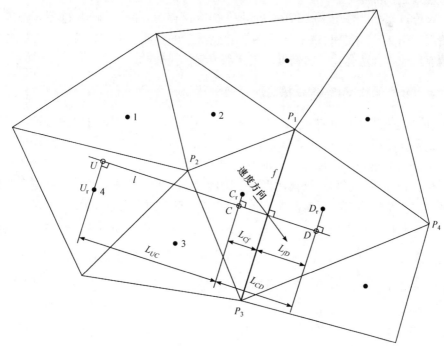

图 5-4 二维非结构网格 TVD 格式 II 示意图[8]

可能存在差异，r 的计算式为

$$r_{(C,D)} = \frac{(\boldsymbol{q}_C - \boldsymbol{q}_U)/L_{UC}}{(\boldsymbol{q}_D - \boldsymbol{q}_C)/L_{CD}} \tag{5-9}$$

式中，L_{UC} 和 L_{CD} 分别为节点 U 与 C、节点 C 与 D 之间的距离。

因为可以在网格单元前处理步骤中确定节点 U、C 和 D，L_{UC}、L_{CD} 和 $r_{(C,D)}$ 以及左右两侧 U_r 的坐标，所以不需要额外的计算量。计算 $\boldsymbol{q}_{(C,D)}$ 时，可以根据速度方向选择迎风面。在式(5-7)及式(5-9)中，节点 U、C 和 D 上的值可以由相关的相邻网格单元值进行插值得到，但插值过程在多维非结构网格中的计算量显然是巨大的。为了提升计算效率，将节点 U、C 和 D 处的值分别近似为 U_r、C_r 和 D_r 处的值。因此，式(5-7)及式(5-9)可改写为

$$\boldsymbol{q}_{(C_r,D_r)} = \boldsymbol{q}_{C_r} + \frac{1}{R_{(C_r,D_r)}} \psi(r_{(C,D)})(\boldsymbol{q}_{D_r} - \boldsymbol{q}_{C_r}) \tag{5-10}$$

$$r_{(C_r,D_r)} = \frac{(\boldsymbol{q}_{C_r} - \boldsymbol{q}_{U_r})/L_{UC}}{(\boldsymbol{q}_{D_r} - \boldsymbol{q}_{C_r})/L_{CD}} \tag{5-11}$$

式中，$R_{(C_r,D_r)}$ 为网格单元尺寸变化调整系数；L_{UC} 和 L_{CD} 分别为点 U 与点 C、点 C 与点 D 之间的距离。

这种近似是以精度为代价的，再加上复杂网格单元的影响[6]，这种方法在二维情况下仍然不能实现 TVD 格式在一维情况下的精度，但与现有二维非结构网格的通量计算方法相比，其精度和效率都得到了提高[8]。

5.2.3 二维非结构网格 TVD 格式Ⅲ

在二维非结构网格 TVD 格式Ⅱ中，令节点 U、C 和 D 处的值分别近似为 U_r、C_r 和 D_r 处的值，会导致准确率下降。Delis 等[9]提出一种将单元边界中点 M 处的值进行修正外推的新方法，由于使用了不经过限制的变量梯度来推断 M 处变量值，单调性不能得到严格的保证。为此 Delis 等[10]又提出了一种限制变量梯度的方法。基于该方法，本小节介绍一种更为合理的边界变量 TVD 重构格式。

在所选网格单元的某一边 f 上，定义左右两侧的变量向量为 $\bar{\boldsymbol{q}}_f^L$ 及 $\bar{\boldsymbol{q}}_f^R$。当使用近似黎曼求解器求解 f 上通量值 $F_f(\boldsymbol{q}^n) \cdot \boldsymbol{n}_f$ 时，$\bar{\boldsymbol{q}}_f^L$ 及 $\bar{\boldsymbol{q}}_f^R$ 是必需的。对于一阶精度格式，$\bar{\boldsymbol{q}}_f^L$ 和 $\bar{\boldsymbol{q}}_f^R$ 即为 f 左、右两个网格单元形心处的变量 $\boldsymbol{q}^L$ 及 $\boldsymbol{q}^R$，如图 5-5 所示。而对于二阶精度格式来说，为了保证精度和单调性，需要一种合适的二阶重构格式。针对非结构网格上的 CCFV 格式，本方法采用了基于变量梯度的 TVD 格式，并选用 van Albada 限制函数，分三步实现。

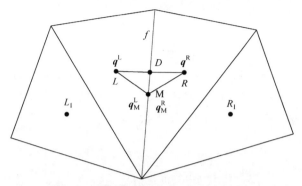

图 5-5 非结构网格代表边界上变量[11]

第一步,重构单元交界面 f 与左右网格单元形心点连线 $\overline{LR}$ 交点 D 处的值。复杂非结构网格中交点 D 一般不与 $\overline{LR}$ 的中点 M 位置一致,交点 D 处的变量值由式(5-12)得到。

$$\begin{cases} \bar{q}_D^L = q^L + \dfrac{|r_{LD}|}{|r_{LR}|} \psi[(\nabla q)_L^{upw} \cdot r_{LR}, (\nabla q)^{cent} \cdot r_{LR}] \\ \bar{q}_D^R = q^R + \dfrac{|r_{RD}|}{|r_{LR}|} \psi[(\nabla q)_R^{upw} \cdot r_{RL}, (\nabla q)^{cent} \cdot r_{RL}] \end{cases} \quad (5\text{-}12)$$

式中,q 为变量;r_{LD}、r_{RD} 分别为左边、右边网格形心到交点 D 的几何向量;r_{LR} 为左边网格形心到右边网格形心的几何向量;ψ 为限制函数;∇q 为变量梯度,单元变量梯度可根据周围三个相邻网格单元的变量值来计算[8,12];上标 upw 和 cent 分别代表迎风及中间。

各变量梯度可以被表示为

$$\begin{cases} (\nabla q)^{cent} \cdot r_{LR} = q^R - q^L \\ (\nabla q)_L^{upw} = 2(\nabla q)_L - (\nabla q)^{cent} \\ (\nabla q)_R^{upw} = 2(\nabla q)_R - (\nabla q)^{cent} \end{cases} \quad (5\text{-}13)$$

$\psi(a,b)$ 是具有变量 a 和 b 的限制函数。van Albada 限制器在能很好地实现二阶精度(精度在 van Leer 和 Super Bee 之间)而被应用到此方法中。

$$\psi(a,b) = \begin{cases} \dfrac{(a^2 + e)b + (b^2 + e)a}{a^2 + b^2 + 2e}, & ab > 0 \\ 0, & ab \leqslant 0 \end{cases} \quad (5\text{-}14)$$

式中,a、b 为变量;e 为常数,为防止分母为 0,取 $e = 10^{-16}$。

第二步为重构计算边中心处的变量值。

$$\begin{cases} \bar{q}_M^L = \bar{q}_D^L + r_{DM}(\nabla q)_L \\ \bar{q}_M^R = \bar{q}_D^R + r_{DM}(\nabla q)_R \end{cases} \quad (5\text{-}15)$$

该方向校正方法可提高计算精度,且在复杂网格单元上改善效果更为明显[10]。尽管如此,由于式(5-13)中所使用的梯度是无限制的,对于一些非连续问题,此处可能会产生一些新的局部极值[如图 5-6(a)和(c)中所示的 $\bar{q}_M^L$ 和 $\bar{q}_M^R$],并由此产生数值振荡。

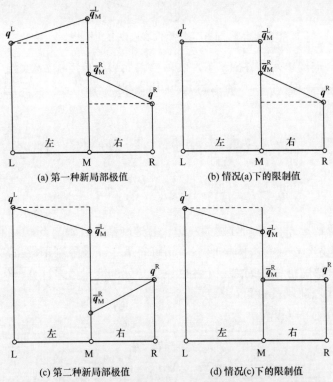

图 5-6 由校正方程(5-15)引起的 M 处的局部极值及其限制值[2]

第三步为限制边中心处的变量重构值。为避免局部极值问题,本方法采用相邻网格最大值约束来实现,如式(5-16)所示。在此约束下,有效地防止了由式(5-15)所引起的新的局部极值,如图 5-6(b)和(c)所示。

$$\begin{cases} \min(q^R, q^L) \leqslant \bar{q}_M^L \leqslant \max(q^R, q^L) \\ \min(q^R, q^L) \leqslant \bar{q}_M^R \leqslant \max(q^R, q^L) \end{cases} \quad (5\text{-}16)$$

式中,$\bar{q}_M^L$ 和 $\bar{q}_M^R$ 为式(5-15)计算得到的中点 M 处的未限定值;q^R 和 q^L 分别为点 R 和点 L 处的变量值。

对于浅水方程，只有边 f 的中点 M 处的水位 $\bar{\eta}_M^L$ 和 $\bar{\eta}_M^R$、水深 $\bar{h}_M^L$ 和 $\bar{h}_M^R$ 及流量 $\bar{q}_{xM}^L$、$\bar{q}_{yM}^L$、$\bar{q}_{xM}^R$ 和 $\bar{q}_{yM}^R$ 进行了重构。为了更好地保证计算计算稳定性，M 处的底部高程由式(5-17)计算得出。

$$\begin{cases} \bar{z}_{bM}^L = \bar{\eta}_M^L - \bar{h}_M^L \\ \bar{z}_{bM}^R = \bar{\eta}_M^R - \bar{h}_M^R \end{cases} \tag{5-17}$$

式中，$\bar{z}_{bM}^L$ 和 $\bar{z}_{bM}^R$ 分别为边 f 的中点 M 左、右两侧重构后的底部高程，m；$\bar{\eta}_M^L$ 和 $\bar{\eta}_M^R$ 分别为边 f 的中点 M 左、右两侧重构后的水位，m；$\bar{h}_M^L$ 和 $\bar{h}_M^R$ 分别为边 f 的中点 M 左、右两侧重构后的水深，m。

M 处的流速可以通过式(5-18)计算。

$$\begin{cases} \bar{u}_M^L = \bar{q}_{xM}^L / \bar{h}_M^L, \quad \bar{v}_M^L = \bar{q}_{yM}^L / \bar{h}_M^L \\ \bar{u}_M^R = \bar{q}_{xM}^R / \bar{h}_M^R, \quad \bar{v}_M^R = \bar{q}_{yM}^R / \bar{h}_M^R \end{cases} \tag{5-18}$$

式中，$\bar{u}_M^L$ 和 $\bar{u}_M^R$ 分别为边 f 的中点 M 左、右两侧重构后的沿 x 方向的速度，m/s；$\bar{v}_M^L$ 和 $\bar{v}_M^R$ 分别为边 f 的中点 M 左、右两侧重构后的沿 y 方向的速度，m/s；$\bar{q}_{xM}^L$、$\bar{q}_{xM}^R$、$\bar{q}_{yM}^L$ 和 $\bar{q}_{yM}^R$ 分别为边 f 的中点 M 左、右两侧重构后的沿 x、y 方向的单宽流量，m²/s；$\bar{h}_M^L$ 和 $\bar{h}_M^R$ 分别为边 f 的中点 M 左、右两侧重构后的水深，m。

如果水深低于限定无水网格单元的阈值，速度设定为零，以避免极小水深引起的非物理流速和水深。

5.3 MUSCL 重构

不同于 5.2 节所述的 TVD 格式在每个边采用不同限制梯度值来插值变量值，MUSCL 重构法则是在整个单元内使用同一个经过限制的变量梯度来保障单调性（图 5-7）。

MUSCL 重构一般分三个步骤。首先，在单元内部计算各变量的空间变化梯度。其次，限制各梯度以消除局部重构极值问题。最后，在单元的各边中点处根据限制的梯度来插值变量值。MUSCL 重构结果如图 5-8 所示。

本节设计的新方法采用 Venkatakrishnan 提出的基于网格的限制方法，其限制因子在稳定和动态的情况下可以区分且表现良好。该方法由两个步骤组成。首先，使用相邻值为每个网格单元计算预测值或无限梯度值。其次，无限梯度应受到适当的限制，以保持单调性[13]。

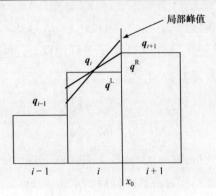

图 5-7 MUSCL 重构示意图

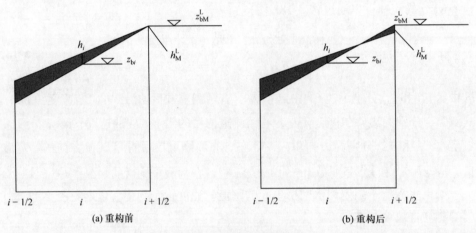

(a) 重构前　　　　　　　　　　　　(b) 重构后

图 5-8 MUSCL 重构结果

首先，在三角形网格单元内，根据相邻三个网格单元的变量 q_{j1}、q_{j2} 和 q_{j3} [坐标分别为 (x_{j1}, y_{j1})、(x_{j2}, y_{j2}) 和 (x_{j3}, y_{j3})]求解变量原始梯度 $\overline{\nabla} q_i$，按照式(5-19)和式(5-20)计算。

$$\overline{\nabla} q_i = J \begin{pmatrix} q_{j2} - q_{j1} \\ q_{j3} - q_{j1} \end{pmatrix} \tag{5-19}$$

$$J = \frac{1}{(x_{j2} - x_{j1})(y_{j3} - y_{j1}) - (x_{j3} - x_{j1})(y_{j2} - y_{j1})} \begin{pmatrix} y_{j3} - y_{j1} & y_{j1} - y_{j2} \\ x_{j1} - x_{j3} & x_{j2} - x_{j1} \end{pmatrix} \tag{5-20}$$

q_{j1}、q_{j2} 和 q_{j3} 三个点可以是所选网格单元的三个节点或三个周围网格单元的形心。本小节方法选用后者，因其适用于以单元为中心的有限体积法，三角形网格单元变量示意如图 5-9 所示。

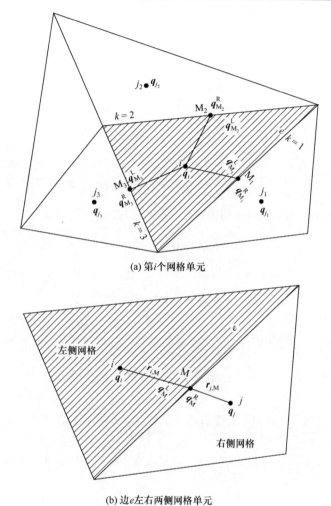

(a) 第 i 个网格单元

(b) 边 e 左右两侧网格单元

图 5-9 三角形网格单元变量示意图

其次,通过限制变量原始梯度来获得单元 i 的变量 q 的限制梯度,如式(5-21)所示:

$$\nabla q_i = \phi_i \overline{\nabla} q_i \tag{5-21}$$

式中,∇q_i 为单元 i 的限制梯度;$\overline{\nabla} q_i$ 为单元 i 的原始梯度;ϕ_i 为限制函数,可由式(5-22)和式(5-23)求出:

$$\phi_i = \min_{k=1,2,3}(\phi_{ik}) \tag{5-22}$$

$$\phi_{ik} = \begin{cases} \phi\left(\dfrac{q_i^{\max}-q_i}{\overline{q}_{M_k}^{L}-q_i}\right), & \overline{q}_{M_k}^{L}-q_i>0, \\ \phi\left(\dfrac{q_i^{\min}-q_i}{\overline{q}_{M_k}^{L}-q_i}\right), & \overline{q}_{M_k}^{L}-q_i<0, \\ 1, & \overline{q}_{M_k}^{L}-q_i=0 \end{cases} \quad (5\text{-}23)$$

式中，ϕ 为限制函数；q_i 为单元 i 在形心处的值；$q_i^{\max}=\max(q_i,q_{j1},q_{j2},q_{j3})$，$q_i^{\min}=\min(q_i,q_{j1},q_{j2},q_{j3})$；$\phi_{ik}$ 为单元 i 的第 k 边的限制函数；M_k 表示第 k 边的中点；$\overline{q}_{M_k}^{L}$ 为由原始变量梯度插值得到的值，可由式(5-24)求出。

$$\overline{q}_{M_k}^{L}=q_i+\overline{\nabla}q_i\cdot r_{i,M_k} \quad (5\text{-}24)$$

式中，r 为相对于单元形心的位置矢量。若 $\overline{q}_{M_k}^{L}-q_i>0$，则 $\Delta_{-}=q_{M_k}^{L}-q_i$、$\Delta_{+}=q_i^{\max}-q_i$；若 $q_{M_k}^{L}-q_i<0$，则 $\Delta_{+}=q_i^{\min}-q_i$。

$$\phi_{ik}=\phi\left(\dfrac{\Delta_{+}}{\Delta_{-}}\right)=\dfrac{1}{\Delta_{-}}\left[\dfrac{(\Delta_{+}^{2}+\varepsilon^{2})\Delta_{-}+2\Delta_{-}^{2}\Delta_{+}}{\Delta_{+}^{2}+2\Delta_{-}^{2}+\Delta_{-}\Delta_{+}+\varepsilon^{2}}\right] \quad (5\text{-}25)$$

式中，$\varepsilon^{2}=(K\Delta x)^{3}$，该项用于提高解的收敛性，$K$ 为常数；Δ_{-}、Δ_{+} 为中间变量。然而，对任何 $K>0$，限制器不再严格地执行单调，因此较大 K 值可能导致不连续解的数值振荡问题。建议将 K 取为 0 以确保稳定性。因此，令 $y=\Delta_{+}/\Delta_{-}$，式(5-25)可简化为

$$\phi(y)=\dfrac{y^{2}+2y}{y^{2}+y+2} \quad (5\text{-}26)$$

若所选三角形网格单元为边界网格单元，如图 5-10(a)所示，用于计算变量梯度的三点是本单元网格形心和两个相邻单元的形心值。若有两个边界，如图 5-10(b)所示，则认为 $\overline{\nabla}q_i$ 等于 $(0,0)^{\tau}$，则 $q_{M_k}^{L}=q_i$。

最后，应用式(5-21)计算出的限制梯度，计算第 k 边的中点 M 的左右变量值。

$$\begin{cases} q_{M_k}^{L}=q_i+\overline{\nabla}q_i\cdot r_{i,M_k} \\ q_{M_k}^{R}=q_{jk}+\overline{\nabla}q_{jk}\cdot r_{jk,M_k} \end{cases} \quad (5\text{-}27)$$

式中，q_i 为网格单元 i 形心处的变量值；q_{jk} 为网格单元 j 的第 k 边处的变量值；$\overline{\nabla}q_i$ 为单元 i 的原始梯度；r_{i,M_k} 为网格单元 i 第 k 边中点相对于网格单元形心处的位置向量；r_{jk,M_k} 为与 i 相邻的第 k 个邻近网格单元形心到第 k 边中点的位置向

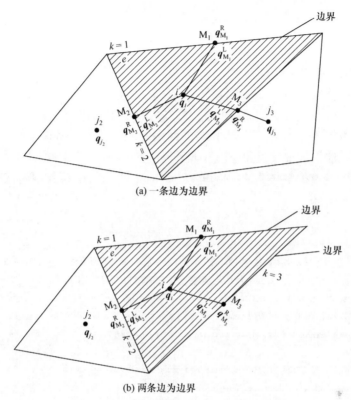

(a) 一条边为边界

(b) 两条边为边界

图 5-10　三角形网格边界单元变量示意图

量；下标 M_k 表示第 k 边的中点。

为简单起见，对于所考虑边界 e，$q_{M_k}^L$ 和 $q_{M_k}^R$ 简写为 q_M^L 和 q_M^R。中点 M 处的变量 η、h、q_x、q_y 由式(5-27)分别推导，即 η_M^R、η_M^L、h_M^R、h_M^L、q_{xM}^L、q_{xM}^R、q_{yM}^L 和 q_{yM}^R。底部高程 z_{bM}^R 和 z_{bM}^L 也可以由式(5-28)得出：

$$z_{bM}^L = \eta_M^L - h_M^L, \quad z_{bM}^R = \eta_M^R - h_M^R \tag{5-28}$$

式中，z_{bM}^L 和 z_{bM}^R 分别为边界 e 中点 M 的左、右两侧的底部高程，m；η_M^L 和 η_M^R 分别为边界 e 中点 M 的左、右两侧的水位，m；h_M^L 和 h_M^R 分别为边界 e 中点 M 的左、右两侧水深，m。

此外，M 处的流速可以由式(5-29)得出：

$$\begin{cases} u_M^L = q_{xM}^L / h_M^L, & v_M^L = q_{yM}^L / h_M^L \\ u_M^R = q_{xM}^R / h_M^R, & v_M^R = q_{yM}^R / h_M^R \end{cases} \tag{5-29}$$

式中，u_M^L 和 u_M^R 分别为边界 e 中点 M 的左、右两侧的沿 x 方向的速度，m/s；v_M^L

和 v_M^R 分别为边界 e 中点 M 的左、右两侧的沿 y 方向的速度，m/s；q_{xM}^L、q_{xM}^R、q_{yM}^L 和 q_{yM}^R 分别为边界 e 中点 M 的左、右两侧的沿 x、y 方向的单宽流量，m²/s；h_M^L 和 h_M^R 分别为边界 e 中点 M 的左、右两侧的水深，m。

本章首先介绍了一维非结构网格 TVD 格式的原理、推导过程和应用方法。该方案能够确保单调性，从而有效解决激波捕捉法中的数值振荡，并达到二阶计算精度。其次，重点介绍了二维非结构网格的三种 TVD 格式。最后，阐述了 MUSCL 重构法的推导过程和应用。本章提出的方法与 TVD 格式不同之处在于采用同一限制变量梯度来插值网格单元边上的变量值。水文过程耦合模拟方法将在第 6 章系统介绍。

参 考 文 献

[1] 刘向东, 吴钦孝, 赵鸿雁. 森林植被垂直截留作用与水土保持[J]. 水土保持研究, 1994, 1(3): 8-13.

[2] 宋文龙, 杨胜天, 路京选, 等. 黄河中游大尺度植被冠层截留降水模拟与分析[J]. 地理学报, 2014, 69(1): 80-89.

[3] HUNTER N M, BATES P D, HORRITT M S, et al. Improved simulation of flood flows using storage cell models[J]. Proceedings of the Institution of Civil Engineers: Water Management, 2006, 159(1): 9-18.

[4] VAN LEER B. Towards the ultimate conservative difference scheme[J]. Journal of Computational Physics, 1979, 32(1):101-136.

[5] BRUNER C W S, WALTERS R W. Parallelization of the Euler equations on unstructured grids[C]. 13th Computational Fluid Dynamics Conference. Snowmass Village, USA, 1996.

[6] DARWISH M S, MOUKALLED F. TVD schemes for unstructured grids[J]. International Journal of Heat and Mass Transfer, 2003, 46(4): 599-611.

[7] LI L X, LIAO H S, QI L J. An improved r-factor algorithm for TVD schemes[J]. International Journal of Heat and Mass Transfer, 2008, 51(3-4): 610-617.

[8] HOU J, SIMONS F, HINKELMANN R. A new TVD method for advection simulation on 2D unstructured grids[J]. International Journal for Numerical Methods in Fluids, 2013, 71(10): 1260-1281.

[9] DELIS A I, NIKOLOS I K, KAZOLEA M. Performance and comparison of cell-centered and node-centered unstructured finite volume discretization for shallow water free surface flows[J]. Archives of Computational Methods in Engineering, 2011, 18(1): 57-118.

[10] DELIS A I, NIKOLOS I K. A novel multidimensional solution reconstruction and edge-based limiting procedure for unstructured cell-centered finite volumes with application to shallow water dynamics[J]. International Journal for Numerical Methods in Fluids, 2013, 71(5): 584-633.

[11] HOU J, LIANG Q, ZHANG H, et al. An efficient unstructured MUSCL scheme for solving the 2D shallow water equations[J]. Environmental Modelling & Software, 2015, 66(C): 131-152.

[12] BEGNUDELLI L, SANDERS B F. Unstructured grid finite-volume algorithm for shallow-water flow and scalar transport with wetting and drying[J]. Journal of Hydraulic Engineering, 2006, 132(4): 371-384.

[13] WANG Y, LIANG Q, KESSERWANI G, et al. A positivity-preserving zero-inertia model for flood simulation[J]. Computers & Fluids, 2011, 46(1): 505-511.

第6章 水文过程耦合模拟

本章在第 2～5 章介绍的地表水动力模型的基础上,耦合产流各物理过程,整合形成考虑完整的水文过程的基于动力波的水文水动力模型。在产流过程中,产、汇流物理过程对地表径流的形成影响显著,必须予以详细考虑。基于第 1 章的介绍,本章模型对比已有的下渗模型、蒸腾蒸发速率计算方法及植被截留模型各自的优缺点,选用 Green-Ampt 模型来表征下渗过程,Hargreaves 公式来表征蒸腾蒸发过程,A.P.J.DE ROO 公式来表征植被截留过程,产流过程及其计算方法如图 6-1 所示。洼地蓄存是产流计算的另一个影响因素,采用高分辨率地形可有效反映地表蓄存情况。随着测绘技术和计算机技术的发展,高分辨地形采集、处理和模拟计算可便捷实现,故本书建议使用高分辨率地形来直接计算洼地蓄存过程。本章将对蒸腾蒸发、下渗及植被截留过程计算控制方程进行详细介绍,最终得到净雨强度,即式(1-9)中的源项 i_a。

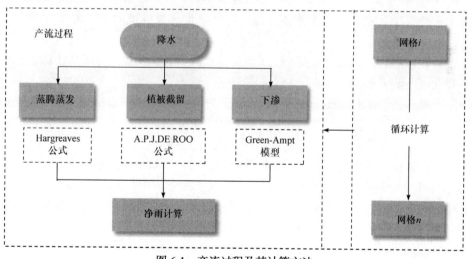

图 6-1 产流过程及其计算方法

6.1 蒸腾蒸发过程模拟

蒸腾蒸发指植物的蒸腾和土壤水的蒸发。植物蒸腾是指植物体内的水分以气态方式从植物的表面向外界散失的过程;土壤水的蒸发发生在土壤的表层。

通过植物蒸腾消耗的土壤水分,一般比地面土壤水的蒸发多3倍以上。因此,土壤水的散失主要是通过土壤-植物-大气连续体(soil-plant-atmosphere continuum,APAC)进行的。在这个连续体中,植物体内的水分输导途径是:根毛的皮层和内皮层—根的中柱梢—根导管—茎导管—叶柄导管—叶脉导管—叶肉细胞—叶细胞间隙—气孔腔—气孔—大气。各部位水势的大小顺序是:土 > 根 > 茎 > 叶 > 大气。其中,叶-气系统的水势差最大,其间阻力也是最主要、具有控制性的。植物主要是通过其叶片上的气孔进行蒸腾作用,气孔的开闭对植物蒸腾影响很大,一般气孔白天张开,夜晚关闭,但气孔的开闭也受CO_2浓度、光照、温度和风速等环境因子的影响。气孔蒸腾分两步进行,首先是水分在细胞间隙及气孔下室周围叶肉细胞表面上蒸腾成水蒸气,然后水蒸气分子通过气孔下室及气孔扩散至叶片外[1]。

土壤水蒸发的强度一般取决于两个因素,一是外界蒸发能力,即气象条件所限定的最大可能蒸发强度;二是土壤自下部土层向上的输水能力,其数值随含水率的降低而减小。表层土蒸发强度决定于二者的最小值。在土壤的输水能力大于外界蒸发能力时,表层土蒸发强度等于外界蒸发能力;在土壤的输水能力小于外界蒸发能力时,表层土蒸发强度以土壤的输水能力为限。降水或灌水后土壤蒸发一般分为两个阶段。第一阶段是当土壤含水率大于临界含水率,即土壤的输水能力大于外界蒸发能力时,土壤蒸发强度等于水面蒸发强度。如外界蒸发能力不变,则蒸发强度保持稳定。这一阶段为稳定蒸发阶段。第二阶段是当土壤含水率小于临界含水率时,土壤蒸发决定于土壤输水能力,蒸发强度将随着土壤含水率的降低而逐渐减小。这一阶段为蒸发强度递减阶段[2]。

蒸腾蒸发量(ET_0)表征了某一特定条件下大气蒸发能力的大小,它只与气象因素有关,而与植被状况和地表状况等因素无关,因此这一概念为不同地区的气候类型和水文条件的评价、比较和划分提供了一种标准。

目前,计算ET_0的方法众多,但这些方法的理论基础、复杂程度、适用条件不尽相同,大致可以归纳为经验公式法、水汽扩散法、能量平衡法和综合法几类。其中,经验公式的种类甚多,它们一般是通过总结具体地区的温度、辐射等气象因素与ET_0的统计关系而得到的。这类公式中,比较著名的有Blanney-Criddle公式、Thornthwaite公式和Hargreaves公式。

1) Blanney-Criddle公式

该公式是1947年由Blanney和Criddle在估计美国西部地区作物需水过程中提出,后来又被FAO修正。该公式认为,当土壤水分供应充足时,ET_0随日平均温度及每日昼长小时数占全年白昼小时的百分比而变化,其完整的计算公式为

$$ET_0 = a + b\left[p(0.46T + 8.13) \right] \tag{6-1}$$

式中，T 为日平均温度，℃；a、b 为由日照、风速、相对湿度等确定的修正系数；p 为某月某日平均昼长时间占全年昼长时间的百分比，%，可根据纬度和月份查表确定。

2) Thornthwaite 公式

1948 年，Thornthwaite 在进行气候分类时发展了一个利用温度估算 ET_0 的经验公式，该公式推荐的计算时间步长为月，其表达式为

$$ET_0 = 1.6(10T_i/V)^a \tag{6-2}$$

式中，T_i 为 i 月份的平均气温，℃；a 为经验指数；V 为年热效应指标，是年内各月 V_i 之和，计算公式为

$$V = \sum_{i=1}^{12}\left(\frac{T_i}{5}\right)1.514 \tag{6-3}$$

式(6-2)中经验指数 a 计算公式如下：

$$a = 6.75 \times 10^{-7}V^3 - 7.71 \times 10^{-5}V^2 + 1.792 \times 10^{-2} + 0.4924 \tag{6-4}$$

3) Hargreaves 公式

该公式是由美国学者 Hargreaves 和 Samani 在总结以前许多工作的基础上，于 1985 年提出的，推荐的计算时段是旬或月。Hargreaves 公式仅需要最高温度、最低温度和理论太阳辐射就可以计算 ET_0，计算式为

$$ET_0 = 0.0023 \frac{1}{\lambda}(T_a + 17.8)(T_{max} - T_{min})^{0.5} R_a \tag{6-5}$$

式中，λ 为汽化潜热，MJ/kg^2；T_a 为计算时间段内的平均温度，℃；T_{max} 为最高温度，℃；T_{min} 为最低温度，℃；R_a 为大气上界太阳辐射，$MJ/(m^2 \cdot d)$。

水汽扩散法对下垫面粗糙度和大气稳定度的要求非常严格，需要同时测定两个高度的风速、温度、比湿资料，因此目前大面积应用还相当困难。能量平衡法对大气层没有特殊要求，在开阔、均匀的下垫面情况下具有较高的精度。但仍需要测定两个高度的气温和气压。同时，由于没有考虑热量的平流交换对能量平衡的影响，在计算沙漠绿洲和周围被不灌溉农田所包围的灌溉农田的 ET_0 时会产生较大误差。综合法是指同时利用能量平衡原理和水汽扩散原理导出 ET_0 的计算方法。

综上考虑，经验公式更适合嵌入数值模型中，比较三种经验公式可知，Blanney-Criddle 公式要求有光照、风速、相对湿度等诸多观测数据，其计算对数据要求非常高；Thornthwaite 公式计算时间步长为月，相对于数值模型计算时间步长，误差较大；Hargreaves 公式只需要气温和地理位置等数据，具有数据要求低、计算简单和适用范围广等优点。经比较分析，模型选择 Hargreaves 公式计算

ET$_0$,从而进一步求解蒸腾蒸发速率。

Hargreaves 公式的控制方程为

$$E = 0.0023(R_a / \lambda)T_r^{1/2}(T_a + 17.8) \tag{6-6}$$

$$\lambda = 2.50 - 0.002361T_a \tag{6-7}$$

式中,E 为蒸腾蒸发速率,mm/d;R_a 为大气上界太阳辐射,MJ/(m^2·d),可根据维度计算或由 FAO 提供的大气层顶辐射表查出;λ 为汽化潜热,MJ/kg^2;T_r 为计算时段内的最高气温与最低气温之差,即 $T_r = T_{\max} - T_{\min}$,℃;$T_a$ 为计算时段内的平均气温,即 $T_a = (T_{\max} + T_{\min})/2$,℃。

在每个网格中应用 Hargreaves 方法直接求解蒸腾蒸发速率,如在网格 i 中,蒸腾蒸发速率 E^i 为

$$E^i = 0.0023(R_a^i / \lambda^i)(T_r^i)^{1/2}(T_a^i + 17.8) \tag{6-8}$$

$$\lambda^i = 2.50 - 0.002361T_a^i \tag{6-9}$$

式中,R_a^i 为网格 i 的大气上界太阳辐射,MJ/(m^2·d);T_r^i 为网格 i 计算时段内的最高气温与最低气温之差,即 $T_r^i = T_{\max}^i - T_{\min}^i$,℃;$T_a^i$ 为网格 i 计算时段内的平均气温,即 $T_a^i = (T_{\max}^i + T_{\min}^i)/2$,℃;$\lambda^i$ 为网格 i 的汽化潜热,MJ/kg^2。

6.2 植被截留过程模拟

植被截留是降水在植被枝叶表面附着力、承托力、水分重力和表面张力等作用下储存于植被枝叶表面的现象。降水初期,雨滴降落在植被枝叶上被其表面截留。在降水过程中截留量不断增加,直至达到最大截留量(又称截留容量)。植被枝叶截留的水分,当水滴重量超过表面张力时,便落至地面。截留过程延续整个降水过程。积蓄在枝叶上的水分不断地被新的降水所替代。降水停止后截留水量最终蒸发消耗[3-5]。

影响植被截留的因素可分为两类。一类是植被本身的特性,如树种、树龄、林冠厚度和茂密度等;另一类是气象、气候因素,如降水量、降水强度、气温、风速和前期枝叶湿度等。对一个流域而言,还有植被的分布和植被盖度等影响因素。以上第一类因素反映了植被的截留容量,而第二类因素则决定了实际的截留量[5]。

植被截留过程是影响流域水量平衡的重要因素。一般情况下,森林降水截留量占降水总量的 10%~30%。然而,由于截留量随植被种类、森林密度和结构,以及气象条件而变化,在某些地区植被截留量可占总降水量的 50%以上,根据降

水和植被的特征，植被截留模型可分为经验模型、半经验模型和物理模型[6]。

1) Horton 公式

1919年，Horton 通过分析截留数据集，建立了截留损失公式：

$$I = C_m + e \cdot t \tag{6-10}$$

式中，I 为次降水截留量，mm；C_m 为植被冠层蓄水容量，mm；e 为湿润树体表面蒸发强度，mm/d；t 为降水历时，d。

2) Rutter 公式

Rutter 等[7]建立了基于水量收支的物理模型。模型中植被冠层排水量可以由一个植被冠层蓄水容量的经验公式来表示，其连续性方程为

$$\frac{dC_m}{dt} = (1-p)R - E - k(e^{bC} - 1) \tag{6-11}$$

式中，C_m 为植被冠层蓄水容量，mm；t 为计算时间，s；p 为自由穿透降水系数；R 为降水强度，mm/d；E 为蒸腾蒸发速率，mm/d；e 为湿润树体表面蒸发强度，mm/d；k 和 b 为林冠排水经验参数。

3) Gash 公式

Gash 建立的植被冠层截留解析模型公式为

$$\sum_{i=1}^{m+n} I_i = n(1-p-p_t)P_G + (E/R)\sum_{i=1}^{n}(P_i - P_G) + (1-p-p_t)\sum_{i=1}^{m} P_i + qS_t + p_t \sum_{i=1}^{m+n-q} P_i \tag{6-12}$$

$$P_G = (-RC_m/E)\ln\left[1 - \frac{E}{R(1-p-p_1)}\right] \tag{6-13}$$

式中，I_i 为降水截留量，mm；m 为不能使林冠饱和的降水次数；n 为能使林冠饱和的降水次数(每次降水间隔时间为林冠干燥所需时间)；p 为自由穿透降水系数，即不接触林冠直接降落到林地的降水比率；P_t 为树干径流系数；E 为蒸腾蒸发速率，mm/d；R 为降水强度，mm/d；P_i 为次降水量，mm；P_G 为能使林冠达到饱和的降水量，mm；S_t 为树干持水能力，mm；q 为树干达到饱和产生树干径流的降水次数；C_m 为植被冠层蓄水容量，mm。

4) A.P.J.DE ROO 公式

受限于研究方法及模型参数难以获取，大尺度估算植被截留降水的研究较少。研究表明，植被截留能力及截留量与植被盖度和叶面积指数具有密切联系，并建立了植被截留能力与叶面积指数的计算关系[3]。

1994年，A.P.J.DE ROO 基于地理信息系统技术，在具有物理机制的 LISEM 土壤侵蚀模型中应用 Aston 模型和植被截留能力公式，利用叶面积指数和降水量

估算植物累计降水截留量。其中，叶面积指数可通过遥感数据获得，降水量可通过气象站点监测数据插值获得，适用于大尺度植被截留降水估算。基于植被截留量(S_v)与降水量(P_{cum})的理论关系，即 $P_{cum}=0$ 时，$S_v=0$，当 $P_{cum}\to\infty$ 时，S_v 为植被截留最大存储容量(S_{max})，降水截留公式可表述为

$$S_v = S_{max}\left(1 - e^{-\eta \frac{P_{cum}}{S_{max}}}\right) \tag{6-14}$$

$$\eta = 0.040 LAI \tag{6-15}$$

$$S_{max} = 0.935 + 0.498 LAI - 0.00575 LAI^2 \tag{6-16}$$

式中，S_v 为植被截留量，mm；S_{max} 为植被截留最大存储容量，mm；η 为修正系数；P_{cum} 为降水量，mm；LAI 为叶面积指数。

在每个网格中应用 A.P.J.DE ROO 公式直接求解植被截留量，如在网格 i 中，植被截留量 S_v^i 为

$$S_v^i = S_{max}^i\left(1 - e^{-\eta \frac{P_{cum}^i}{S_{max}^i}}\right) \tag{6-17}$$

$$S_{max}^i = 0.935 + 0.498 LAI - 0.00575 LAI^2 \tag{6-18}$$

6.3 下渗过程模拟

下渗是指水分进入土壤的过程，是田间水循环过程中降水或灌溉水转换为土壤水分的重要环节。目前，国外关于下渗模型主要分为三类，即基于物理意义的模型、半经验模型和经验模型。其中，基于物理意义的模型有 Green-Ampt 模型、Smith-Parlange 模型、Philip 模型和 Smith 模型等；半经验模型有 Horton 模型、Holtan 模型、Overton 模型和 Singh-Yu 模型等；经验模型有 Kostiakov 模型、Huggins-Monke 模型和 Collis-George 模型等。Green-Ampt 模型具有明确的物理意义，便于其特征参数与土壤物理特征间关系的建立，模型计算结果也很精确，因此得到了国内外学者的认可。

以上多种下渗模型中，Green-Ampt 模型是建立在毛细管吸水原理的基础上，不考虑下渗动水头对下渗的影响，湿润锋之后的土体含水率均为饱和含水率，并且湿润锋的前后两侧土体含水率差异很大，水分的渗漏速度只有在上层毛细管孔隙达到饱和后才开始增加。该下渗模型不仅可以应用于均质土、层状土、浑水和间歇下渗的研究，而且还把下渗率和实测土壤特性联系起来。该模型公式形式简单、计算简便，对于长时间的下渗，计算精度比较高，但是公式中的参数获取比较困难，尤其是湿润锋处的基质吸力不容易得到。

Philip 模型是建立在包气带中水动力平衡和质量守恒原理的基础上,公式中的基本参数反映土体自身物理特性,可以更好地描述实际土体下渗的情况[6]。该模型公式是将 Richard 方程微分展开,取展开公式的前两项求得的。该模型应用的前提条件是均质土,土体初始含水率分布均匀,供水必须充足,而且没有考虑雨水下渗过程中的滞后和空间变异等因素,因此常用于均质土体的一维下渗。由于实际环境中的降水条件和假设条件有一定差距,得到的数据值有一定误差,在实际试验过程中根据数据资料显示,Philip 模型在短时间下渗情况下其计算精度比较高,在长时间下渗情况下其精确度不够。

Smith 模型是以土壤水分运动的基础方程为基础,通过数值模拟手段对不同区域的土体进行大量的比对分析,得到一组以积水时间为分界的降水下渗公式。该公式所描述的下渗过程和实际雨水下渗情况一致,但是在研究部分土体的积水时间时不好确定。

Mein 和 Larson 在 1973 年提出的下渗模型与 Smith 模型类似,它是以降水下渗机理为基础,结合 1911 年 Green 和 Ampt 提出的模型,得到一组以积水时间为分界的降水-下渗公式,其公式特征和 Smith 模型一样。

Horton 模型反映了下渗强度随时间的增加而递减,并最终趋于稳定,而且在众多的实验中得到验证,它在下渗稳定阶段与实测数据的拟合度很高。Horton 模型中的三个参数必须根据实测数据来确定,反映了下渗强度随时间的变化趋势主要是受土壤因素的影响,因此该模型能更好地体现土壤自身因素对降水下渗的影响。Holtan 模型是一个与众不同的经验公式,它的下渗曲线不是时间的函数,而是未被占据的孔隙空间的函数。这样的公式对于计算流域下渗是很方便的,而且它虽是一个下渗经验公式,但是用以描述长历时下渗特征时精度较高,具有很强的实用性,运用该模型公式时,取土深度有较大的任意性。

Kostiakov 模型公式中的参数是根据经验值确定的,没有具体的物理意义,其模型表达式比较简单,在实际应用中计算简便,该模型公式需要一组实测下渗资料以确定参数。通过大量试验验证得到,Kostiakov 模型能够有效地描述短期范围内的渗透过程,尤其是下渗初期瞬变阶段,利用该公式拟合出的曲线很准确,但是不适用于研究长时间的下渗。在 Kostiakov 模型公式的基础上,经过后来学者的研究得到 Kostiakov 的三参数公式,此公式被广泛应用于农田灌溉中下渗问题的研究。但是,该模型所描述的下渗恒为稳定下渗,下渗率是个定值,即为稳定下渗率,而在实际下渗过程中下渗率是随着时间的增加逐渐降低最后才趋于稳定,因此该模型只能用以描述下渗过程的稳渗阶段。

Green-Ampt 模型又称为活塞置换模型,如图 6-2 所示。应用 Green-Ampt 模型有以下五个假设[8]:①湿润土壤含水率达到饱和含水状态,水分运移过程符合达西定律;②湿润锋前方的土壤空气压力为恒定值;③湿润区饱和含水状态的土壤含水率恒定，不随土壤水分下渗时间而变化；④湿润锋处水压为恒定值；⑤湿润锋由初始含水率变为饱和含水率的土层厚度可以忽略。

假定在土壤水分下渗过程中，处于饱和水状态的土壤存在干湿区域截然分开的湿润锋面，即下渗过程中土壤水分剖面随时间变化，如气缸中的活塞不断沿深度方向推进，其控制方程为

$$f_p = K_s \left(\frac{d + L_s + \varphi_s}{L_s} \right) \quad (6\text{-}19)$$

式中，f_p 为土壤水分下渗速率，cm/min；K_s 为饱和导水率，cm/min；d 为土壤表层积水深度，cm；L_s 为湿润锋深度，cm；φ_s 为毛管吸力，cm。

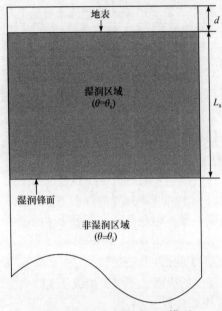

图 6-2 Green-Ampt 模型

基于这些假定，当湿润锋前方的土壤含水率低于湿润锋后方时，湿润锋前方的土壤含水率为初始含水率 θ_i，湿润锋后方为饱和含水率 θ_s。在任意网格单元内，湿润锋深度 L_s 可以用累积下渗量 F 来表示，在湿润锋以下的初始含水率亏损为 $\theta_d = \theta_s - \theta_i$，则湿润锋深度 $L_s = F / \theta_d$。假设土壤表层积水深度 d 相比其他深度可忽略，式(6-19)可化简为

$$f_p = K_s \left(1 + \frac{\varphi_s \theta_d}{F} \right) \quad (6\text{-}20)$$

式(6-21)只适用于地表形成饱和层之后，此时之前下渗速率等于降水强度 i。

$$f_p = i \quad (6\text{-}21)$$

当 $i \leqslant K_s$ 时，F 在每一个计算步长 dt 都得到更新，实际下渗速率 f 为计算值 f_p。

$$f = f_p \quad (6\text{-}22)$$

当 $i > K_s$ 时，F 在每一个计算时间 dt 都得到更新，而且要检验累积下渗量 F 是否超过最大下渗能力 F_s，计算式为

$$F_s = \frac{K_s \varphi_s \theta_d}{i - K_s} \quad (6\text{-}23)$$

由式(6-23)可知，地表土壤水分饱和后的下渗能力与累积下渗能力有关，而

累积下渗能力又与前期的下渗速率有关。为了避免长时间步长的数值误差，采用 Green-Ampt 模型公式的积分形式更为合适，计算式为

$$F_{n+1} = K_s + \varphi_s \theta_d \ln\left(1 + \frac{F_n}{\varphi_s \theta_d}\right) \tag{6-24}$$

$$f = f_p = \frac{dF}{dt} \tag{6-25}$$

当累积下渗量 F 临近最大下渗能力 F_s 时，F_1 表示某一时间步长开始时的累积下渗量，F_2 表示某一时间步长结束时的累积下渗量，计算式为

$$F_2 = C + \varphi_s \theta_d \ln(F_2 + \varphi_s \theta_d) \tag{6-26}$$

$$C = K_s \Delta t + F_1 - \varphi_s \theta_d \ln(F_1 + \varphi_s \theta_d) \tag{6-27}$$

该时间步长内的下渗速率为

$$f = f_p = \frac{F_2 - F_1}{dt} \tag{6-28}$$

6.4 净雨量计算方法

净雨量是指降水量中扣除植被截留量、下渗量、洼地蓄存量与蒸腾蒸发量等各种损失量后剩下的雨量。净雨量等于地面径流，因此又称为地面径流深度。在湿润地区，蓄满产流情况下，净雨量包括地面径流和地下径流两部分。计算方法如下。

1) 下渗曲线法

按照超渗产流模式，判别降水是否产流的标准是降水强度 i 是否超过下渗速率 f。因此，用实测降水强度过程 $i\text{-}t$ 扣除实际下渗过程 $f\text{-}t$，就可得产流过程 $R\text{-}t$。这种产流计算方法称为下渗曲线法。

在实际降水径流过程中，流域初始土壤含水率一般不等于 0，降水强度并非持续大于下渗速率，不能直接采用流域下渗能力曲线推求各时段的实际下渗速率。如果将下渗能力曲线转换为下渗能力与土壤初始含水率的关系曲线，就可以通过土壤含水率推求各时段下渗速率了。

2) 初损后损法

初损后损法是下渗曲线法的一种简化，实际的下渗过程简化为初损和后损两个阶段。产流以前的总损失水量称为初损，以流域的平均水深表示；后损主要是流域产流以后的下渗损失，用平均下渗率表示。一次降水所形成的径流深(净雨量)为：净雨量 = 次降水量 − 初损 − 平均下渗速率 × 产流历时 − 降水后期不

产流的雨量。图 6-3 为净雨量计算示意图。

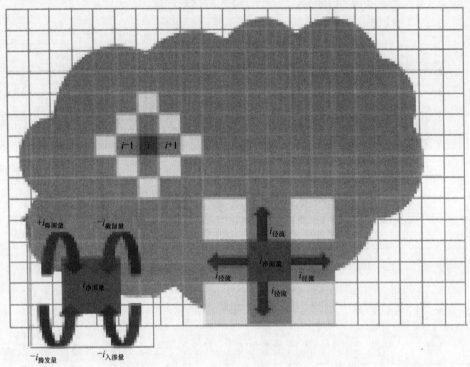

图 6-3 净雨量计算示意图

降水经历了蒸腾蒸发、植被截留及下渗等水量损失过程后，净雨强度 i_a 计算公式为

$$i_a = \max(i + Q_{in} - f - S_v - E, 0) \tag{6-29}$$

式中，i 为降水强度，mm/h；Q_{in} 为从区域外部入流的径流强度，mm/h；f 为下渗速率，mm/h；S_v 为植被截留速率，mm/h；E 为蒸腾蒸发速率，mm/h。可见，当初损出现时，即 $i + Q_{in} - f - S_v - E$ 为负数时，净雨强度为 0。

在网格 i 中净雨强度 i_a^i 计算公式见式(6-30)，式中各变量意义与式(6-29)相同。

$$i_a^i = \max(i^i + Q_{in}^i - f^i - S_v^i - E^i, 0) \tag{6-30}$$

本章主要介绍了求解式(1-9)源项中净雨强度 i_a^i 项，对比了已有下渗模型、蒸腾蒸发模型、植被截留模型的优缺点，确定选用 Green-Ampt 模型来表征下渗过程，Hargreaves 公式来表征蒸腾蒸发过程，A.P.J.DE ROO 公式来表征植被截留过程，并基于高分辨地形对洼地蓄存进行计算。

参 考 文 献

[1] 王玉宝, 汪志农, 尚虎君, 等. 参考蒸发蒸腾量测定仪器的研究与开发[J]. 灌溉排水学报, 2004, 23(3): 61-64.
[2] 胡庆芳. 参考蒸腾蒸发量的计算和预测方法研究[D]. 北京: 清华大学, 2005.
[3] 尹伊. NCAR_CLM 系列模式对植被冠层截留的模拟、评估与改进[D]. 南京: 南京信息工程大学, 2013.
[4] 刘蕾, 刘家冈, 刘飞, 等. 非均匀林冠降水截留模型[J]. 林业科学, 2007, 43(3): 8-14.
[5] 宋文龙, 杨胜天, 路京选, 等. 黄河中游大尺度植被冠层截留降水模拟与分析[J]. 地理学报, 2014, 69(1): 80-89.
[6] 刁一伟, 裴铁璠. 森林流域生态水文过程动力学机制与模拟研究进展[J]. 应用生态学报, 2004, 15(12): 2369-2376.
[7] RUTTER A J, KERSHAW K A, ROBINS P C, et al. A predictive model of rainfall interception in forests: 1. Derivation of the model from observations in a plantation of Corsican pine[J]. Agricultural Meteorology, 1972, 9: 367-384.
[8] 朱昊宇, 段晓辉. Green-Ampt 下渗模型国外研究进展[J]. 中国农村水利水电, 2017(10): 6-12, 22.

第 7 章 城市管网排水过程模拟方法

对于城市区域,市政管网是雨水径流排放的主要途径,其对城市水文过程的影响非常显著,图 7-1 为城市排水管网布设概念图。城市排水管网模型作为城市水文模型的重要组成部分,通过不断发展,已趋于成熟。城市排水管网模型不仅应用于管网的建设和管理,而且在城市洪涝预报预警、水生态环境保护等方面发挥着积极作用。

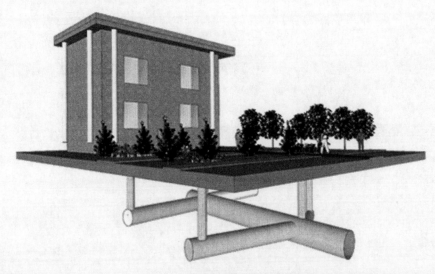

图 7-1 城市排水管网布设概念图

国外对城市排水管网模型的研究起步较早。芝加哥工程局率先提出了城市雨水流量过程线计算模型的概念,并在 1975 年由 Keifer 等[1]开展了修改更正工作,后续模型在城市排水管道系统的改建和扩建中扮演重要角色。1971 年,美国国家环境保护局提出了 SWMM 模型,SWMM 模型涵盖了 4 个计算模块和多个服务模块[2],包括径流模型、输出模型、扩充输送模型、存储处理模型和水体水质模型等多个独立子模型,是一个综合性及实用性较为完备的雨洪管理模型。SWMM 模型提供恒定流算法和非恒定流算法(包括运动波及动力波)两种算法模拟管网汇流过程。1995 年,丹麦水力研究所(Danish Hydraulic Institute,DHI)提出了 MOUSE-TRAP 模型和 SEWSIM 模型[3]。其中,MOUSE-TRAP 模型功能全面，可以用于城市用水、排水及污水处理等多个方面的计算。该模型通过地表径流、汇流、管网汇流、水质方面的模拟，对地表有自由水面的水流流动或者充满水的管道有压流进行处理。MOUSE-TRAP 模型可以对已建成或由于城市发展等原因需要改建的排水管网进行模拟，也可通过其水动力模块对现有模型进行调节优化，使模型运行的模拟结果能够更加科学。除丹麦以外，法国、德国、俄罗斯等国家也积极进行城市排水管网模型的研究，代表性地提出了 CARAPES、QQS、RATIONAL 等排水管网模型。相对于国外，我国早期计算机技术发展缓慢，忽视了对排水管网模型的研究。随着借鉴并吸收各国的研究成果，加之科学技术迅猛发展，我国在城市排水管网研究方面也快速发展。1993年，岑国平等[4]建立了排水管网模型，该模型涉及各个方面，包括暴雨模块、地表产汇流模块和管网汇流模块等众多子模块。1997年，刘俊[5]从各方面调研分析了加快城市化进程后，各地区水文特性的变化，在借鉴 SWMM 模型的基础上，颠覆传统水文分析方法及计算模式，创造性地提出了适用于城市水文模拟计算的排水管网模型。1998年，周玉文[6]提出了用于模拟城市管网排水过程的非恒定流模型，为之后非恒定流模型的发展奠定了基础。2000 年，中国水利水电科学研究院灾害与环境研究中心提出了天津市城区暴雨洪涝仿真系统，该系统由暴雨洪涝仿真模型和信息前后处理系统两部分组成，其暴雨洪涝仿真模型是基于二维非恒定流水力模型，利用气象部门的实时降水信息及时为防灾减灾提供参考依据[7]。2009 年，陈鑫等[8]对不同设计降水重现期下城市排水管网体系进行了分析评估，为城市排水防涝工作给予了一定的技术支持。同年，北京工业大学的张红旗[9]对城市排水管网与地理信息系统(geographic information system，GIS)平台进行二次开发及系统集成，构建了适应于其研究区的排水模型，提高了排水管网数据的管理效率。

7.1 管网排水水动力过程及其控制方程

在进行管网排水水动力过程模拟时，排水管网可以概化为多个节点和管道连接起来形成的管网模型。其中，节点可以代表集水井、蓄水池、泵站、排水口等，节点之间依靠管道进行连接。通常情况下，降水产生的径流可以经由地表汇流过程流入管网，最终经排水口排出，不会形成地表漫流。但在遭遇强降水天气时，地表雨水无法及时从管网排出，多余的水会从集水井溢出到地表，形成地表漫流。管道从无压非满管流到有压满管流，然后从有压满管流到无压非满管流，该状态的交替变换称为明满过渡流。管道中的各种流态，包括明渠流(重力流)和有压流(压力流)，统一采用一维圣维南方程组求解，其基本形式为

$$\frac{\partial A}{\partial t} + \frac{\partial Q}{\partial s} = 0 \tag{7-1}$$

$$\frac{1}{g}\left(\frac{\partial u}{\partial t} + u\frac{\partial u}{\partial s}\right) + \frac{\partial h}{\partial s} = S_0 - S_f \tag{7-2}$$

式中，A 为管道过水断面面积，m^2；Q 为管道流量，m^3/s；s 为水流流动方向固定横截面沿流程的距离，m；t 为时间，s；h 为断面处的水深，m；u 为断面处平均流速，m/s；g 为重力加速度，m/s^2；S_0 为底坡源项；S_f 为摩阻源项。

1) 连续性方程推导

推导公式的基本假设如下：

(1) 定床情况，即假设河床高程不随时间改变而发生变化。

(2) 断面代表水位，不考虑横比降。

(3) 浅水问题，满足静水压力分布规律。

(4) 水为不可压液体。

(5) 河床底坡很小。

(6) 恒定流阻力公式仍然适用。

如图 7-2 所示，选用上游 1—1 断面和下游 2—2 断面之间控制体内的液体作为研究对象，采用欧拉法进行分析。部分变量释义已在式(7-1)中给出。控制体长度为 ds，液体密度 $\rho = 1kg/m^3$，q_l 为单宽流量，dt 为单位时间。

dt 单位时间内，经过 1—1 断面流入控制体的流量为 Q，可得经过 2—2 断面流出的流量为 $Q+(\partial Q/\partial s)ds$。由于计算过程是在一个微小时间内进行，此时在 dt 时间内流量的变化属高阶微量，计算时不予考虑，两断面均选取 t 时刻的值，在 dt 时段内通过 1—1 断面流入控制体的净质量为 $\{Q-[Q+(\partial Q/\partial s)ds]\}dt$；由于假设

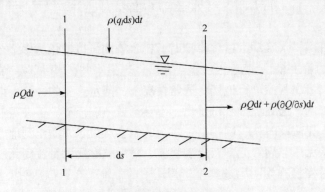

(a) dt 时段内流入控制体的液体净质量

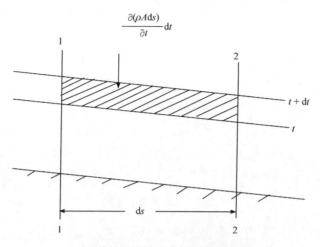

(b) 由于控制体体积变化产生的液体质量变化

图 7-2 连续性方程推导变量示意图

液体不可压缩，控制体的体积发生变化，即过水断面面积发生变化，故控制体体积变化所产生的质量变化考虑如下：

(1) t 时刻，1—1 断面的面积为 A。

(2) $t+dt$ 时刻，1—1 断面的面积为 $A+(\partial A/\partial t)dt$。

由于研究对象为一微小控制体，此时断面面积随流程变化属于高阶变量，可以忽略。在微段 ds 内，由控制体体积变化所产生的质量增量为 $\{A-[A+(\partial A/\partial t)dt]\}ds$。由质量守恒定律，$dt$ 时段内进出断面的液体净质量与由于非恒定而引起控制体内液体的质量增量相等，则可得

$$\left[Q-\left(Q+\frac{\partial Q}{\partial s}ds\right)\right]dt = \left[A-\left(A+\frac{\partial A}{\partial t}dt\right)\right]ds \tag{7-3}$$

化简式(7-3)可得

$$\frac{\partial A}{\partial t}+\frac{\partial Q}{\partial s}=0 \tag{7-4}$$

式(7-4)即为圣维南方程组中连续性微分方程式。

2) 动量方程推导

动量方程由牛顿第二定律推导，反映了明渠非恒定渐变流流动中力与运动要素之间的关系，也反映了功能转换的关系。推导所需各变量释义已在式(7-2)中给出，ds 微段示意图如图 7-3 所示。

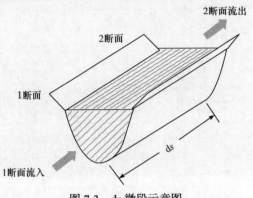

图 7-3 ds 微段示意图

重力在水流方向上的分量为 $gA\mathrm{d}s \cdot \sin\theta \approx gA\mathrm{d}s \cdot S_0$,其中 $S_0 = -\partial z_b/\partial s$,$z_b$ 为底部高程,m。重力分量示意图如图 7-4 所示。

摩阻分量为 $gA\mathrm{d}s \cdot S_f$,其中 S_f 为摩阻源项。摩阻分量示意图如图 7-5 所示。

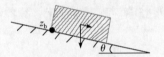

图 7-4 重力分量示意图

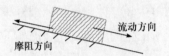

图 7-5 摩阻分量示意图

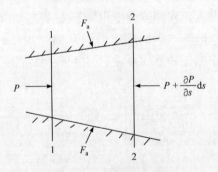

图 7-6 压力分量示意图

断面 1—1 与断面 2—2 的压力差为 $\Delta P = P_1 - P_2 = -(\partial P/\partial s)\mathrm{d}s$。压力分量及横断面压力分量示意图分别如图 7-6 和图 7-7 所示。F_a 为侧壁对水体的反作用力,b、$\mathrm{d}\xi$ 分别为控制体的宽和高。其中,断面 1—1 的水压力 $P = \int_0^{h(s,t)} g[h(s,t)-\xi]b(s,\xi,t)\mathrm{d}\xi$。断面 1—1 与断面 2—2 的压力差为 $\Delta P = -gA[\partial h(s,t)/\partial s]\mathrm{d}s - \int_0^{h(s,t)} g[h(s,t)-\xi][\partial b(s,\xi,t)/\partial s]\mathrm{d}s\mathrm{d}\xi$。侧壁压力在水流方向上的分量为 $[\partial b(s,\xi,t)/\partial s]\mathrm{d}s$。

综上,总压力在水流方向上的分量为 $-gA(\partial h/\partial s)\mathrm{d}s$,故水流方向上的合力 $F = gAS_0\mathrm{d}s - gAS_f\mathrm{d}s - gA(\partial h/\partial s)\mathrm{d}s$。

根据牛顿第二定律 $F = ma$,有 $gAS_0\mathrm{d}s - gAS_f\mathrm{d}s - gA(\partial h/\partial s)\mathrm{d}s = Aa\mathrm{d}s$。其中,$a = (\partial u/\partial t) + u(\partial u/\partial s)$。由 $F = gAS_0\mathrm{d}s - gAS_f\mathrm{d}s - gA(\partial h/\partial s)\mathrm{d}s$ 对其化简可得

$$\frac{1}{g}\left(\frac{\partial u}{\partial t}+u\frac{\partial u}{\partial s}\right)+\frac{\partial h}{\partial s}=S_0-S_f \tag{7-5}$$

至此完成了一维圣维南方程的推导。

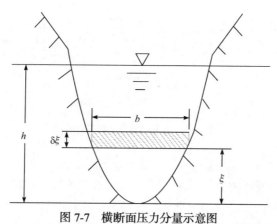

图 7-7 横断面压力分量示意图

7.2 管网排水水动力模拟计算

对城市管网排水过程进行动态模拟，实质上就是对圣维南方程组进行求解的过程。圣维南方程组属于一阶拟线性双曲型偏微分方程组。给定初始条件和边界条件，求解方程组就可计算出管道内非恒定水流的流速、水深及其他变量随流程和时间的变化。管网系统的主要驱动力来自地表径流经过节点汇流流入管网系统，实现水动力模型与管网模型的耦合。

有限差分法的基本思路是把描述连续变量，如流量、过水面积、水位等的微分方程，在讨论域内化为有限差分方程，通常为代数方程求近似解的方法。或者说，有限差分法就是在有限个网格节点上求出微分方程近似解的一种方法。图 7-8 为管道-节点计算示意图，排水管网模型计算流程分为 5 个步骤。

1) 计算地表径流流入节点的流量

若节点计算水深大于节点最大水深，则表示管网系统饱和，此时发生溢流。通过式(7-6)来计算地表流入节点的流量，发生溢流的情况将在下一节进行讨论。

$$q=\varphi\pi x_n h_s^{1.5} \tag{7-6}$$

式中，q 为地表流入节点的流量，m^3/s；φ 为流量系数，一般取值为 0.8~0.95；x_n 为节点直径尺寸，m；h_s 为节点对应的地表网格具有的水深，m。

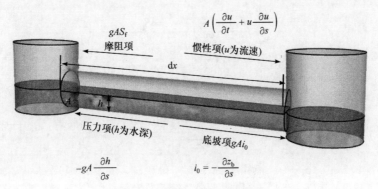

图 7-8 管道-节点计算示意图

2) 计算管道入流流量 q_{in}^n 与出流流量 q_{out}^n

圣维南方程组描述的非恒定水流是一种浅水中的长波现象,称为动力波。忽略公式中的惯性项,所得到的波称为扩散波。扩散波可以较好地反映水流在管网中的运动状态,因此本书在城市排水管网的排水过程模拟中,采用保留当地惯性项的改进扩散波方程,并通过有限差分法求解。控制方程如式(7-7)、式(7-8)所示:

$$\frac{\partial A}{\partial t} + \frac{\partial Q}{\partial s} = 0 \tag{7-7}$$

$$\frac{\partial Q}{\partial t} + gA\frac{\partial h}{\partial s} + gAS_f = 0 \tag{7-8}$$

式中,A 为管道过水断面面积,m^2;Q 为管道流量,m^3/s;s 为固定横截面沿流程的距离;t 为时间,s;h 为断面处的水深,m;g 为重力加速度;S_f 为摩阻源项,计算式为 $S_f = Q|Q|N^2/(A^2 R^{4/3})$,$N$ 为曼宁系数,R 为水力半径。

采用有限差分法求解式(7-8),可得式(7-9),求出摩阻源项,进而通过式(7-10)求出当前时间步长的管道出流流量,同理求出管道入流流量 q_{in}^n。图 7-9 为管道流量求解示意图。通过式(7-11)计算管道两端所连接的节点所产生的水力坡降 J,再通过管道的过水断面面积 A 及湿周计算得到水力半径 R。

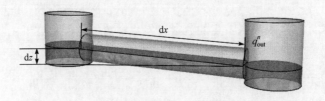

图 7-9 管道流量求解示意图

$$S_f = q_{out}^{n-1} \left| q_{out}^{n-1} \right| N^2 / \left(A^2 R^{4/3} \right) \tag{7-9}$$

$$q_{out}^n = q_{out}^{n-1} - (gAS_f + gAJ) \cdot dt \tag{7-10}$$

$$J = dh/ds \tag{7-11}$$

式中，q_{out}^{n-1} 为上一时间步长内的管道出流量，m³/s；S_f 为摩阻源项；上标 n 为时间步长的编号；N 为曼宁系数；s 为固定横截面沿流程的距离；t 为时间，s；h 为断面处的水深，m；A 为管道过水断面面积，m²；R 为水力半径，m。

3) 计算节点水深

通过之前计算结果，通过水量平衡式(7-12)换算求出节点水深。当雨水井水深小于所连接管道的最小水深时，通过将管道入流流量与出流流量减小修正节点出现负水深的情况。图 7-10 为节点水深求解示意图。

$$h^n = h^{n-1} + 4(q + q_{in}^n - q_{out}^n)dt / (\pi d^2) \tag{7-12}$$

式中，h^{n-1} 为上一时间步长内的节点水深，m；q_{in}^n 和 q_{out}^n 分别为当前时间步长内的入流流量和出流流量，m³/s；dt 为单位时间，s；q 为节点的入流流量，m³/s，d 为节点直径，m。

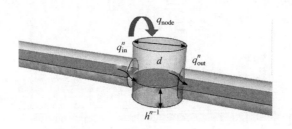

图 7-10　节点水深求解示意图

4) 计算管道内的水深

通过第3)步求出的管道入流流量和出流流量，可求出此时管道的过水断面面积，然后通过查询过水断面面积-水深表得到管道水深(表 7-1)。图 7-11 为管道水深求解示意图。

$$A^n = [V^{n-1} + (q_{in}^n - q_{out}^n)dt] / L \tag{7-13}$$

式中，A^n 为当前时间步长内管道过水断面面积，m²；q_{in}^n 和 q_{out}^n 分别为当前时间步长内的管道的入流流量和出流流量，m³/s；V^{n-1} 为上一时间步长内管道内水的体积，m³；L 为管长，m。

接着通过过水断面面积-水深表，查询管道水深，如表 7-1 所示。

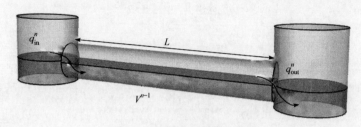

图 7-11 管道水深求解示意图

表 7-1 过水断面面积-水深表

A/A_{full}	Y/Y_{full}	A/A_{full}	Y/Y_{full}	A/A_{full}	Y/Y_{full}	A/A_{full}	Y/Y_{full}
0	0	0.30653	0.26	0.51572	0.52	0.72816	0.78
0.05236	0.02	0.32349	0.28	0.53146	0.54	0.74602	0.80
0.08369	0.04	0.34017	0.30	0.54723	0.56	0.76424	0.82
0.11025	0.06	0.35666	0.32	0.56305	0.58	0.78297	0.84
0.13423	0.08	0.37298	0.34	0.57892	0.60	0.80235	0.86
0.15643	0.10	0.38915	0.36	0.59487	0.62	0.8224	0.88
0.17755	0.12	0.40521	0.38	0.61093	0.64	0.84353	0.90
0.19772	0.14	0.42117	0.40	0.62710	0.66	0.86563	0.92
0.21704	0.16	0.43704	0.42	0.64342	0.68	0.88970	0.94
0.23581	0.18	0.45284	0.44	0.65991	0.70	0.91444	0.96
0.25412	0.20	0.46858	0.46	0.67659	0.72	0.94749	0.98
0.27194	0.22	0.48430	0.48	0.69350	0.74	1.00000	1.00
0.28948	0.24	0.50000	0.50	0.71068	0.76	—	—

注：A_{full} 与 Y_{full} 分别为管道过水断面的最大面积与最大水深，单位分别为 m² 和 m。

5) 更新管道与节点参数

通过式(7-14)将这一时间步长的管道水深、流量与节点水深等参数作为下一时间步长的初始值。

$$q_{in}^{n-1} = q_{in}^n, \quad q_{out}^{n-1} = q_{out}^n, \quad h^{n-1} = h^n \tag{7-14}$$

至此完成了一个时间步长的模拟计算。

7.3 管网排水过程与地表径流过程耦合模拟

雨水节点作为一种常见的排水设施，起着截流并排出雨水的作用，其泄流能力的大小控制着雨水从地面排除的速度和进入排水管道的水量。由于雨水口泄流的三维立体特征，雨水口前缘的水流流态随空间变化，且水面线整体呈下降趋势,即离雨水口越近的位置水深越浅。雨水口泄流的形态主要分以下两种。

(1) 当节点未满时,管网系统仍有空间容纳雨水进入,采用式(7-15)计算地表水流入节点时的流量。图 7-12 为节点入流流量求解示意图。

$$q_{\text{node}} = \varphi \pi d_n h_s^{1.5} \tag{7-15}$$

式中,q_{node} 为地表水流入节点的流量,m³/s;φ 为流量系数,一般取值为 0.8~0.95;d_n 为节点直径,m;h_s 为节点所具有的堰上水深,m。

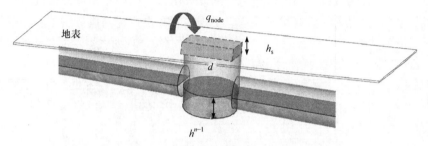

图 7-12 节点入流流量求解示意图

(2) 当雨水节点发生溢流时,由于管道中的水压,地表径流不能正常流入节点,由式(7-16)计算。图 7-13 为节点溢流流量求解示意图。

$$q_{\text{node}} = \left(h^{n-1} - h^n\right) \pi d_n^2 / (4\mathrm{d}t) \tag{7-16}$$

式中,q_{node} 为节点溢流流量,m³/s;h 为节点水深,m;d_n 为节点直径,m;$\mathrm{d}t$ 为单位时间,s。

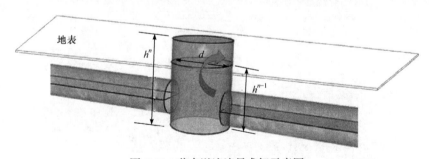

图 7-13 节点溢流流量求解示意图

此时,水流是从节点向地表倒流,h^n 大于 h^{n-1},故计算所得 q_{node} 为负值,表示倒灌。通过以上两种计算方法,完成地表水文水动力和排水管网水动力模块间的耦合。

7.4 无管网资料区管网排水过程概化模拟算法

在准确完整的管网资料作为支撑下,管网排水过程与地表径流过程耦合模拟方法可精准模拟管网排水过程,但在大部分城市地区并没有完整的排水管网资料[10]。主要原因是城市管网资料经常会由于年代久远而丢失,甚至一开始就没有保存原始管网数据;有时即使有管网设计图,但由于施工期间设计单位多、协调难度大,存在大量管线交叉关系,出现实际布设情况与设计图纸不一致的问题[11];某些地区由于管网长期运行没有得到及时有效清理而发生管网堵塞情况[12]。采用管道机器人普查管网布设情况,代价大且效率低,一般项目难以负担大范围管网普查。此外,对于大范围管网密集区域建立管网模型也比较困难。可见管网资料缺失及管网结构概化方法不足,严重制约着城市雨洪模拟影响的定量评价[13],探索并建立一套无管网资料区排水过程概化计算方法对城市洪涝过程模拟至关重要。

城市区域降水的典型归宿大致可分为四个部分,分别为蒸腾蒸发、地下管网排出、地表径流与洼地蓄存、土壤下渗,如图 7-14 所示。根据水量守恒原理,在降水源项部分增加等效管网排水汇项,即将管道排出部分的水量用近似方法进行概算,以达到与管网排出相似效果。采用道路等效排水和雨水井等效排水方法,即将道路或者雨水井视为汇项,将管道排出部分的水量通过在道路或者雨水井处削减水量的方法算得。由此,本节提出两种无管网资料区管网排水过程概化模拟方法,分别为道路等效排水方法和雨水井等效排水方法。

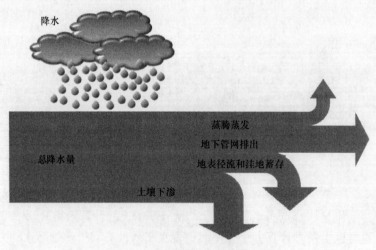

图 7-14 城市区域降水的典型归宿

7.4.1 道路等效排水方法

道路等效排水即将道路属性的网格单元概化为等效排水管网,由于城市排水管网一般沿主干道路布设并且雨水井多在道路两侧,可将道路概化为等效管网排水区域。同时,道路土地利用类型可根据高分辨率遥感影像等解译得到,资料较易获取。在计算过程中需将道路土地利用类型所属网格内的净雨强度减去等效管网排水强度,道路等效排水方法示意图见图 7-15,计算式为

$$i_a = \begin{cases} \max(i+Q_{in}-f-S_v-E-\alpha_1, 0), & \text{土地利用类型为道路} \\ \max(i+Q_{in}-f-S_v-E, 0), & \text{土地利用类型不为道路} \end{cases} \quad (7\text{-}17)$$

式中,i_a 为净雨强度,mm/h;i 为降水强度,mm/h;Q_{in} 为入流强度,mm/h;α_1 为道路等效排水强度,可根据实测数据进行率定或根据排水标准推求,mm/h;f 为土壤下渗强度,mm/h;S_v 为植被截留速率,mm/h;E 为蒸腾蒸发速率,mm/h。

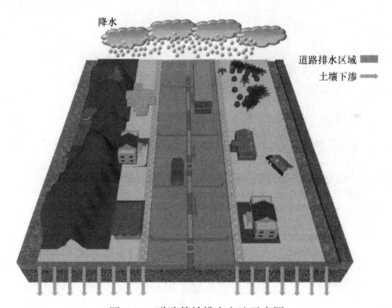

图 7-15 道路等效排水方法示意图

7.4.2 雨水井等效排水方法

雨水井等效排水方法是将管网排水概化为通过雨水井所在点排出,如图 7-16 所示,其表达式如式(7-18)所示。将道路等效排水方法的面等效排水发展为点等效排水。实际管网排水过程也是雨水经过产流后流经道路进入雨水井,再进入管道,最后通过管道输送到下游或者其他蓄水设施,该雨水井等效排水方法

与实际过程更加相似。雨水井位置可参考相关规范或通过高清影像及城市街景提取确定。

$$i_a = \begin{cases} \max(i+Q_{in}-f-S_v-E-\alpha_2, 0), & \text{土地利用类型为入流口} \\ \max(i+Q_{in}-f-S_v-E, 0), & \text{土地利用类型不为入流口} \end{cases} \quad (7-18)$$

$$\alpha_2 = \frac{3600 q_{Inlet}}{S_{grid}} \quad (7-19)$$

式中，i_a 为净雨强度，mm/h；i 为降水强度，mm/h；α_2 为雨水井等效排水强度，mm/h；Q_{in} 为入流强度，mm/h；f 为土壤下渗强度，mm/h；S_v 为植被截留速率，mm/h；E 为蒸腾蒸发速率，mm/h；q_{Inlet} 为雨水井排水强度，m³/s；S_{grid} 为雨水井所在计算单元面积，m²。

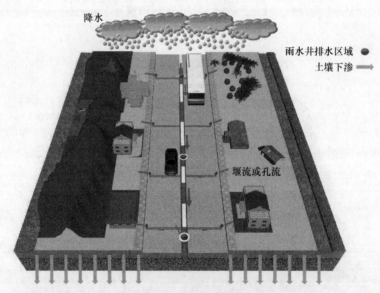

图 7-16 雨水井等效排水方法示意图

雨水井等效排水方法的削减水量计算采用与管网节点处入流计算相同的堰流或孔流公式，其表达式为

$$q_I = \varphi \pi d_I h_I^{1.5} \quad (7-20)$$

式中，q_I 为入流流量，m³/s；φ 为堰流系数；d_I 为雨水井直径，m；h_I 为雨水井堰上水头，m。

在降水量较大、地表积水较多时，若直接应用堰流或孔流公式计算的削减水量会偏大，进而造成地表积水偏少，具体原因为实际管网产汇流过程中的管道容量限制，雨水井入流状态受阻，从而需要对削减水量计算进行校正。首先，根据

量限制，雨水井入流状态受阻，从而需要对削减水量计算进行校正。首先，根据室外排水设计规范中的式(7-21)和式(7-22)推求管道最大流量Q_{Pmax}，然后计算同一管道m上所有雨水井的入流总流量Q_m，其计算式如式(7-23)所示。对比管道最大流量Q_{Pmax}和雨水井入流总流量Q_m大小，当$Q_m > Q_{\text{Pmax}}$时，需要对通过堰流公式直接计算的入流流量q_I进行修正，否则不需要修正。最终得到q_{Inlet}的表达式(7-24)。雨水井等效排水方法表达式中的各参数如图7-17所示。

$$Q_P = Av = A\frac{1}{N}R^{\frac{2}{3}}i_P^{\frac{1}{2}} \tag{7-21}$$

$$Q_{\text{Pmax}} = \frac{1}{16N}\pi d_P^3 i_P^{\frac{1}{2}} \tag{7-22}$$

式中，Q_P为管道流量，m³/s；Q_{Pmax}为满管时的最大管道流量，m³/s；N为管道曼宁系数；v为管道流速，m/s；R为水力半径；d_P为管径，m；i_P为管道坡度；以上参数可通过参考室外排水规范获得或者通过分区标准推求。

$$Q_m = \sum_{k}^{K} q_{Ik} \tag{7-23}$$

式中，Q_m为编号m的管道上所有雨水井的入流总流量，m³/s；k为雨水井编号。

$$q_{\text{Inlet}} = \begin{cases} q_I, & Q_m \leqslant Q_{\text{Pmax}m}, \\ \dfrac{Q_{\text{Pmax}m}}{Q_m}q_I, & Q_m > Q_{\text{Pmax}m} \end{cases} \tag{7-24}$$

式中，$Q_{\text{Pmax}m}$为管道或者分区最大排水流量，m³/s。

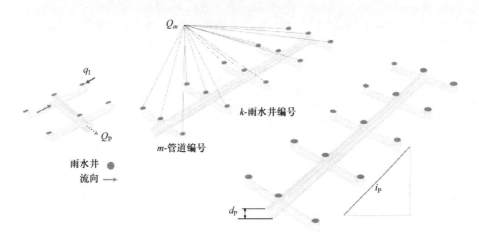

图7-17 雨水井等效排水方法表达式中的各参数示意

本章重现了排水管网控制方程的经典推导，详细分析了管网排水水动力模拟计算过程及公式；随后根据实际情况介绍了雨水井节点的入流情况，阐述了两种工况下的控制方程以及求解方法，用以与地表水动力模型耦合；最后提出了一种适用于无管网资料区域的管网排水过程概化模拟算法，为无管网资料区提供了实用的解决办法。

参 考 文 献

[1] KEIFER C J, HUNG C Y. Modified Chicago Hydrograph method, Storm Sewer Design[R]. University of Illinois: Departments of Civil Engineering, 1978.

[2] ROESNER L A, ALDRICH J A, DICKINSON R E. Storm Water Management Model User's Manual Version 4; EXTRAN Addendum[R]. Washington D C: U.S. Environmental Protection Agency, 1988.

[3] GARSDAL H, MARK O, DPGE J. Mousetrap: Modelling of water quality processes and the interaction of sediments and pollutants in sewers[J]. Water Science and Technology, 1995, 31(7): 33-41.

[4] 岑国平, 沈晋, 范荣生. 城市暴雨径流计算模型的建立和检验[J]. 西安理工大学学报, 1996, 12(3): 184-190, 225.

[5] 刘俊. 城市雨洪模型研究[J]. 河海大学学报, 1997(6): 20-24.

[6] 周玉文. 城市排水系统非恒定流模拟技术研究[D]. 哈尔滨: 哈尔滨建筑大学, 1998.

[7] 仇劲卫, 李娜, 程晓陶, 等. 天津市城区暴雨沥涝仿真模拟系统[J]. 水利学报, 2000, 31(11): 34-42.

[8] 陈鑫, 邓慧萍, 马细霞. 基于 SWMM 的城市排涝与排水体系重现期衔接关系研究[J]. 给水排水, 2009, 35(9): 114-117.

[9] 张红旗. 排水管网水力模型与地理信息系统（GIS）集成技术研究[D].北京: 北京工业大学,2009.

[10] KRATT C B, WOO D K, JOHNSON K N. Field trials to detect drainage pipe networks using thermal and RGB data from unmanned aircraft[J]. Agricultural Water Management, 2019, 22(9): 10-35.

[11] 吴冬妮.建筑小区室外排水管道工程设计要求思考研究[J]. 工程建设与设计, 2019(23): 119-121.

[12] 石山. 西安市污水管网沉积物形成规律及影响因素研究[D]. 西安: 西安建筑科技大学, 2015.

[13] 吕恒, 倪广恒, 田富强. 排水管网结构概化对城市暴雨洪水模拟的影响[J]. 水力发电学报, 2018, 37(11): 99-108.

第8章 水动力模型加速技术

全水动力模型具有良好的数值精度且参数较少,是模拟水动力过程的首选,但计算量较大,且模型精度在很大程度上取决于输入数据的质量。高精度的输入数据会造成计算单元过多,而且为保证模型计算稳定,计算时间步长也不宜过大。这些因素严重制约着模型的计算效率,故基于高精度数据的模型在实际应用中受限。为提升高分辨模型的计算效率,采用简化数值模型、自适应网格(adaptive mesh refinement,AMR)优化方法及并行加速算法等方法对模型加速。其中,GPU 并行加速算法因其较好的经济性,本章将着重介绍。

8.1 加速算法简介

本节主要介绍三种常用的数值模型加速算法,即简化数值模型、自适应网格优化方法及并行加速算法。

1) 简化数值模型

为了提高计算效率,众多雨洪模型在浅水方程的动量方程中省略某些项,并使用较不复杂的数值格式[1-3]。这些模型求解了运动波方程、扩散波方程和惯性波方程,可以看作是全水动力浅水方程的一个简化过程[3]。以一维圣维南方程为例,如式(8-1)所示,其不同类型简化方程如表 8-1 所示。

$$\frac{\partial Q}{\partial t} + \frac{\partial Qu}{\partial x} + gA\frac{\partial h}{\partial x} - gAS_o + gAS_f = 0 \qquad (8\text{-}1)$$

① ② ③ ④ ⑤

表 8-1 不同类型简化方程

方程类型	①当地惯性项	②迁移惯性项	③压力项	④重力项	⑤摩阻项
运动波方程	×	×	×	√	√
惯性波方程	√	√	√	×	×
扩散波方程	×	×	√	√	√
动力波方程	√	√	√	√	√

动量方程最基本的形式是运动波近似,假设流动主要受重力影响,摩擦力与

重力平衡,忽略了惯性项和压力项[4]。Cunge 等[4]最早提出了扩散波的概念,并广泛应用于模型研究,很多研究工作采用了扩散波洪水模型或零惯性模型,但是对于惯性项的忽略很有可能引起数值振荡。为了避免这种不稳定性,需要一个流量限制器,它可以设置网格间的最大流量。然而,流量限制器对网格尺寸和时间步长有很强的依赖性,且对河床摩擦不敏感[5-6]。Hunter 等[7]提出的自适应时间步长可能是流量限制器的替代方案,在流量限制器中使用冯·诺依曼条件,在每次迭代中计算出最优时间步长。因此,这个时间步长在模拟过程中是自适应的,与初始时间步长无关。然而,Hunter 等[8]后来发现,当对高分辨率网格实施自适应时间步长方案时,计算成本将会显著增加。因此,由于需要更严格控制时间步长来保持模拟稳定性,在高分辨率网格条件下,扩散波近似在节省计算时间方面的效果并不明显。Hunter 等[6]认为,在扩散波方程中包含惯性项,即动力波可以使用更大的时间步长,从而减少计算时间。惯性项由当地惯性项和迁移惯性项两部分组成。在扩散波近似的基础上,通过引入当地惯性项建立当地惯性模型(也称为局部惯性模型,或简单惯性模型),使模型引起数值振荡的可能性减小。与扩散波方法相比,该方法在节省高分辨率模拟计算时间方面的性能令人满意。此外,由于忽略了迁移惯性项,部分惯性方案的计算效率优于动力波方案。

2) 自适应网格优化方法

采用自适应网格优化方法,通过优化计算节点,也是提高二维全水动力模型计算效率的有效途径。其基本思想是在关键区域,如边界、地形或结构复杂的区域,剖分高分辨率网格,对于其余区域,保持低分辨率的计算网格,以更好地捕捉局部流场细节。因此,与基于一致分辨率的网格相比,会产生更少的计算节点并获得更高的计算效率。自适应网格优化技术在结构网格或非结构网格上都可以实现,通常可以分为网格局部加密、网格节点移动和格式局部升阶。格式局部升阶是在局部网格区域采用高阶格式,这使得计算程序的代码编写难度增加,因此较少使用。网格节点移动方法保持网格总数不变,根据流场参数在局部改变网格节点的位置,从而得到更好的流场数据,这种自适应网格方法使用广泛,但是由于其网格总数不变,这种方法有一定局限性。网格局部加密是在局部网格区域添加新的网格单元,提高网格分辨率以更好地捕捉流场细节,这种自适应网格优化方法网格加密程度较大,应用较为广泛。但所有的方法需要使用具有不同复杂度的数据结构,存储和搜索这些数据需要消耗计算效率,而且这些方法在保持质量守恒和平衡条件上的困难也限制了其在更广泛的应用领域进一步发展。

3) 并行加速算法

随着计算机的快速发展,通过不同的计算体系结构提高模型效率已成为一种趋势,其中并行计算技术是最流行的技术之一。基于中央处理器(central processing unit, CPU)和 GPU 并行计算技术应用在模型开发中,能极大地提高计算效率。

并行计算允许程序的独立部分由多个处理器同时执行，大大节省了计算时间。实现并行的主要体系结构有两种，包括分布式内存和共享内存体系结构。对于分布式内存体系结构，每个处理器都有自己的私有内存，并通过网络与其他处理器连接。不同的处理器被用作大型集群的一部分，计算整个任务的不同元素，从而实现计算加速。Tran 等[9]介绍了在分布式内存体系结构下并行模型的建模方法。共享内存体系结构中，多处理器独立运行，同时仍然可以访问全局内存空间，通常用于处理通过在不同处理器上分布迭代实现并行性的情况。Neal 等[10]基于共享存储并行编程(open multi-processing，Open-MP)的应用程序编程接口，实现了水力模型的并行版本，演示了不同尺寸和分辨率的并行加速。使用共享内存并行的主要优点是，在不大量更改现有串行代码的情况下，实现起来非常简单。

8.2 CPU 加速技术

当前大多数基于水动力学的雨洪模型能实现河道洪水、城市洪涝演进、溃坝洪水等过程模拟计算，但这些模型在运行计算效率方面仍存在不足。在高分辨率模拟中计算单元多、时间步长短的情况下，可采用优化网格算法及并行计算技术实现加速运行。随着高性能计算领域技术的发展，以多核为主流的并行计算体系结构受到更多学者的关注。其中，基于 CPU，采用 Open-MP 技术或信息传递接口(message passing interface，MPI)技术实现多核并行计算是目前应用较广泛的两种技术。

1) Open-MP 技术

Open-MP 技术是由 DEC、Intel、IBM、SGL 等计算机软硬件联合支持的多平台共享存储应用程序编程接口(application programming interface，API)。Open-MP 可在编译制导、库例程和 Unix 与 Windows NT 环境下实现，并在工作站、工作站网络和 SMP 系统上运行。Open-MP 提供 C 语言或 FORTRAN 语言的绑定，使得一个用标准 Open-MP 编写的消息传递并行程序具有很强的通用性。同时，采用共享内存的编程模式，方便各个线程对数据的读取与调用，可充分发挥多核处理器的性能。在应用方面，Anguita 等[11]提出了基于 Open-MP 技术实现 CPU 并行加速计算的浅水三维半隐式水动力模型。Xia 等[12]基于 Open-MP 并行技术实现 4 核 CPU 加速计算，结果表明，4 核比单核运算速度提升了 2.75~3.5 倍。邓世广等[13]将 Open-MP 并行运算技术应用于匹配追踪时频分析法，不仅可以确保计算精度，而且计算效率也能大幅度提高。

2) MPI 技术

MPI 是一个跨语言的通信协议，可支持点对点和广播。MPI 是一个信息传递应用程序接口，包括协议和语义说明，它们指明其如何在各种实现中发挥其特性。MPI 具有高性能、大规模性和可移植性，故 MPI 技术实际上是基于消息传递的并行编程模式。

MPI 技术一直是当前高性能计算的主要技术。唐静等[14]基于 MPI 技术实现了非结构网格流场超大规模并行计算。结果表明，并行加速性能较高，并行效率都保持在 80%以上。王巍[15]通过分域并行法编制二维潮流场模拟的并行计算程序，并运用 MPI 函数库实现各分域间的数据交换，进行浅水方程有限体积法的并行计算研究，模拟精度高且并行计算能够有效地加快了计算速度。Sheke 等[16]针对采用超级计算和高性能计算平台来解决流体任务的计算问题，将 MPI 技术应用于流体力学中的流体问题，对 N-S 方程进行并行多网格求解，不仅提升计算效率，而且得到了比迭代法更为精确的结果。周磊等[17]提出了一种 CUDA/MPI 多级并行化方案，并在天河 1A 高性能计算机上完成测试，测试结果表明，该方案与传统 MPI 并行方案相比具有显著的并行加速效果，实现了在采用 GPU 等加速器的新型异构架构计算机上发挥加速器作用来进行计算加速。余欣等[18]基于 MPI 的消息传递实现了黄河二维水沙数学模型的并行编程，采用曙光 4000A 并行计算系统的 8 个 CPU 进行计算，多 CPU 并行计算极大地提高了计算效率，使得无法在单机上完成的巨量计算成为可能。

随着大数据的应用及计算机硬件技术不断发展，超级计算机的性能愈加强大，异构体系结构也逐渐成为超级计算机的主流方向，不少科学研究在超级计算机这个大平台上取得了丰硕的成果。另外，多数洪水模拟商业软件也均基于 CPU 并行实现加速，CPU 并行方式的优势在于并行功能可以通过对已有的串行代码加以改写来实现，但 CPU 并行计算技术对硬件要求较高，实现成本较大，而 GPU 的浮点运算能力要大大优于同级别 CPU(约 1 个数量级)，故越来越多的学者关注基于 GPU 等协处理器的并行方式实现并行加速计算。

8.3　GPU 加速技术

初始之时，GPU 仅用于完成图形处理工作，随着技术进步，GPU 的可编程性增强，其能力已经远远超出了原先图形设计的功能。GPU 的硬件水平得到高速发展，更多的开发者发现其强大的并行计算能力并开始将其应用到通用计算领域。

早期 GPU 并行运算方式在其历史发展过程中作用显著，深受研究人员青睐，如 Open GL、Direct X 等。但早期 GPU 并行运算技术对内存的写入方式和写入位置有严格限制，不易对其进行代码调试，且开发人员必须对着色语言十分熟练。但 GPU 对并行运算的互斥性、同步性及原子性多方面仍存在不支持的缺陷，这些问题限制着其发展，使之不能成为大众所接受的通用并行运算方式。

当前 GPU 技术主要来源于 NVIDIA 公司和 AMD(Advanced Micro Devices)公司。自 2006 年 11 月 NVIDIA 公司发布了第一款 DirectX 10 GPU，引入新系列 GPU 架构，并开发出相对应的 GPU 通用计算技术(compute unified device architecture，CUDA)以来，大众化并行运算技术得到很好的发展。CUDA 构架下的 GPU 提供软件管理缓存功能，即共享内存，执行单元可任意读取/写入内存，同时 CUDA 可提供原子性操作功能，使得 GPU 可更高效地执行通用运算过程中。CUDA 不依赖于传统图形处理的 API，使用更方便通用、开发门槛更低的 C 语言库进行开发，能够让更多的程序开发人员更方便迅速地使用通用的并行运算技术，并使运行应用程序的单位成本、单位消耗大大降低。综合其以上特点，目前基于 GPU 的并行算法已经被广泛用于图像处理、不同土地利用模拟、地球物理、地形绘制和天文计算等方面。例如，肖汉[19]针对当前常规算法无法满足对海量影像数据进行匹配处理这一问题，引入 GPU 并行计算算法，结果表明，GPU 加速的影像匹配系统相对于 CPU 实现方法整体加速可达近 40 倍。周琛[20]为提高地理空间数据的计算效率，研发了适应性强的 CPU/GPU 混合异构负载均衡并行方法，并应用于地理空间分析中，使运行时间大大缩减。陈召曦等[21]利用 NVIDIA CUDA 编程平台，实现了基于 GPU 并行的重力、重力梯度三维快速正演计算方法，并达到 50~60 倍的加速比。

GPU 技术也已应用到水力学模型计算中。赵旭东等[22]针对在网格数过多，且无集群机情况下难以快速获得计算结果这一问题，基于 GPU 的高性能计算技术，在 CUDA 开发平台下设计并行算法，建立了非结构网格的二维水动力模型，且利用 GTX460 显卡和集群机的计算效率对比表明，在保持计算精度的前提下，计算速度提升了一个量级，随着网格数的持续递增，可以保持较高的加速比增幅。更多的研究工作也表明了 GPU 计算的优势会随着网格单元的增加和网格精度的提升显得更加突出。

2014 年，Lacasta 等[23]提出了一种利用 GPU 运算，通过有限体积法求解浅水方程的途径，分别在 NVIDIA C2070 GPU 与英特尔酷睿 2 四核处理器上进行了计算。比较结果显示，在 GPU 上进行计算可实现 20~30 倍的加速，而如果在网格计算顺序上进行一些调整，甚至可以达到 50 倍的加速。这个结果也为建立高性能洪涝数值模型提供了一种新的思路。对于强降水后的地表水流快速运动过程，Liang 等[24-25]建立了一种能够捕捉该运动过程的水动力模型系统，该模型采用 Godunov 格式的有限体积法求解强降水后快速变化的地表全水动力浅水方程。该模型为了提高计算效率，采用了 GPU 加速的水动力模拟系统，并能够在涉及数百万计算节点的高分辨率下实现流域规模的模拟。通过对英国的 Haltwhistle Burn

流域降水径流过程进行模拟，表明该模型能够支持大规模的高分辨率模拟，并为理解强降水引起的高度瞬态水文过程提供了新一代的建模工具。

以上研究均表明，采用 GPU 并行计算可使模型效率有质的提升，从而更好地模拟大尺度、高分辨率、多过程的城市洪涝演进。针对高分辨率水动力模拟中的计算网格单元多、时间步长短的问题，引入便于实现大规模并行计算的 GPU 技术来提高计算速度。GPU 内数以千计更小、更节能的核专为提供强劲的并行性能而设计，而显式有限体积法是一种具有天生并行特性的格式，非常适合 GPU 并行计算，有利于开展大范围高分辨率模拟工作。采用 GPU 并行计算技术，能够有效进行大规模的模拟计算，极大地提高了模型的计算性能。

8.4　GPU 相对于 CPU 优势

GPU 是一种针对个人电脑、游戏机、工作站和某些移动设备(如智能手机、平板电脑等)执行图像操作的微型处理器。随着 GPU 通用计算技术的不断发展，其 3D 图形处理能力已经不再是唯一的应用热点，业界各个领域开始广泛关注其通用计算技术能力。在实际计算应用方面，相对于 CPU 而言，GPU 可以提升几倍、几十倍甚至几百倍的计算性能，其计算效率有了质的飞跃。

CPU 和 GPU 的设计目标不同。CPU 需要很强的通用性来处理各种不同的数据类型，同时又需要逻辑判断从而引入大量的分支跳转和中断的处理，设备内部结构异常复杂。而 GPU 需要的是存储类型高度统一、相互无依赖的大规模数据和不需要被打断的纯净计算环境。CPU 和 GPU 具有不同的架构，架构对比如图 8-1 所示。

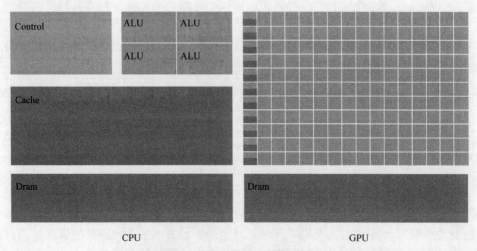

图 8-1　CPU 与 GPU 架构对比

GPU 拥有数量众多的计算核心，是基于大吞吐量而设计的，设备线程数及寄存器数量均远超 CPU。GPU 的特点是有更多的逻辑运算单元(arithmetic and logic unit，ALU)进行数据处理，也拥有较少的缓存(Cache)，而不是 CPU 具有的数据高速缓存。与 CPU 不同的是，GPU 缓存的目的不是保存后面需要访问的数据，而是为线程提高服务。如果有很多线程需要访问同一个数据，缓存会合并这些访问，然后再去访问内存(Dram)(因为需要访问的数据保存在 Dram 中而不是 Cache 里面)。获取数据后，Cache 会将这个数据传递给对应的线程。由于访问 Dram 会出现延时的问题，GPU 的控制单元可以把多个访问合并成少数或单一的访问。GPU 有非常多的 ALU 和线程，为了平衡内存延时的问题，可充分利用多 ALU 的特性达到一个巨大吞吐量的效果，尽可能多地分配多线程。

综上所述，计算密集型以及易于并行的程序均适合在 GPU 上运行。进一步对 GPU 的计算优势及 CPU 计算的不足进行总结，CPU 计算的不足主要体现在以下几方面：

(1) 相对于 GPU，CPU 的 ALU 数量较少，Dram 的容量较小，故对多线程并行的支持数量比 GPU 少。

(2) CPU 针对单纯数据处理相对 GPU 优化较少，不支持缓存的合并访问。

结合 GPU 的特点，其优势可概括为以下几点：

(1) 由于 GPU 相对于 CPU 的针对性更强，其硬件成本可以被用户接受，并相较于 CPU 而言，其功耗更低。

(2) GPU 在数据的交互方面使用的是全局内存，因此避免了数据交互方面瓶颈的产生。

(3) GPU 与显示器的联系紧密，在 GPU 结果计算完成后，能直接与显示器发生交互，十分直观并且迅速地显示结果。

8.5 GPU 加速技术实现流程

8.5.1 基于 GPU 计算技术实现流程

CUDA 和 Open GL 是目前两种实现计算机异构并行的主流计算架构，对于 NVIDIA 公司和 AMD 公司的 GPU，基于 CUDA 的模型仅在 NVIDIA 架构的 GPU 上运行。Open GL 是一种通用性框架，基于 Open GL 的模型常在 AMD 架构的 GPU 上运行。GPU 并行计算架构重要部分如图 8-2 所示。通常在 GPU 上实现并行计算需要考虑网格结构、内存处理、内核代码、时间步长和线程调度等部分，本小节对这五个重要部分进行详细介绍。

图 8-2　GPU 并行计算架构重要部分

1) 网格结构

应用 M、N 表示的常规笛卡儿网格,由于没有必要关联单元的结构,并且不需要三角函数来更新单元,可减少总体数据需求和计算负担。使用地理空间数据抽象库(geospatial data abstraction library, GDAL)从栅格文件读取静态单元数据和瞬态变量的初始条件,从而为大多数常见的 GIS 文件格式提供支持。在每次程序模拟之前,预先设定的二进制程序都被编译,允许预处理器宏定义许多常量,包括网格维度[26]。

2) 内存处理

一般的存储器模型由私有(即寄存器)、本地、全局(包括常量)存储器组成。全局内存是整个模拟中持续存在的所有数据的最大资源。采用定向非分割的方案,两个轴同时由内核考虑。因此,一阶方案取决于来自 4 个相邻单元格的数据,二阶方案取决于来自 12 个单元格的数据,其内存处理如图 8-3 所示。需要使

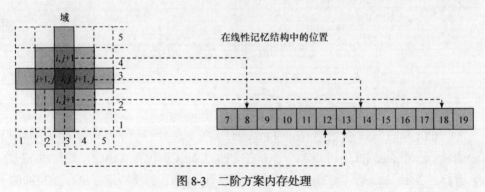

图 8-3　二阶方案内存处理

用不规则步骤访问全局数组,减少每个单元全局访问的替代解决方案是将单元数据提交到本地存储器,同步工作组,而后只需访问该相邻数据的资源即可。

GPU 上的本地内存分为部分(通常为 16 或 32),对同一个部分的地址进行访问需要进行序列化(即冲突)。这些可以通过操纵高速缓存阵列的尺寸来避免,但是增加的存储器消耗会减少同时运行的可调度单元的数量[27]。

3) 内核代码

CUDA 及 Open GL 中的内核在全局工作上执行,不同的工作项目参照相邻单元保存的数据处理模式。GPU 中工作组由 AMD 或 NVIDIA 的可调度单元执行,显卡具体细节和生产厂商的差异可以在文献[27]中查得。各处理单元有序地参与运算,完成迭代计算,每个处理单元中分配多个可调度单元,尽可能多的单元都应参与计算,以达到 GPU 的最佳性能。GPU 占用率通常受益于多单元并行计算与全局数据的高比例运用,但当 GPU 已处于高占用率时,增加调度的单元将难以发挥提速优势。因此,在运行数值方案时,模型设置需根据 GPU 情况合理配置占用率。

4) 时间步长

模型计算过程时间步长统一应用于所有的计算单元,其大小由计算域中最小允许时间计算步长决定,连续的串行迭代每个单元格中内核计算效率较低。因此,在模型计算过程中利用处理单元的可并行性缩减计算时长。模型运行过程中全局工作区间保持恒定,以时间步长用作全局数组的单元数据的步幅,各工作项目将运算结果提交至本地存储器中执行二进制比较,从中间开始,向第一个元素前进,工作项依次退出。工作组中的第一个工作项将组中标识的最低时间步长存储给一个小得多的全局数组,由该数组进行实例检查以降低模拟时间[26]。

5) 线程调度

降低计算消耗与内核计算过程直接相关,在模型计算过程中将数字方案的迭代运算添加到执行队列,运行阻塞命令或回调接收命令,仅周期性地显示进度反馈,进而降低计算消耗。此外,为避免 GPU 与 CPU 之间频繁的数据交互造成运算耗时增加,应设定待 GPU 中运算过程完毕后再将计算结果重新存储至显存 CPU 中,进而有效减缓数据交换所产生的时间损耗。

GPU 并行加速技术的核心是算法的并行化。GPU 针对空间离散后的网格及网格节点将每次需要计算的内容,从 CPU 拷贝至 GPU 的每个线程中进行并行计算。对于均匀网格,计算内容将按照矩阵方式被分配至每个 GPU 计算线程,对通量及源项等进行并行计算,计算完毕后将计算结果重新拷贝至显存 CPU 中,大量数据的传输将大大降低计算效率,因此减少 GPU 与 CPU 之间数据的传输次数将有效减缓数据交换所产生的损耗。

8.5.2 基于 CUDA 架构的 GPU 计算

本书的算例均是采用 CUDA 架构，以及 C++编程语言程序读取网格、初始和边界条件并输出结果，并结合 CUDA 语言实现 GPU 高速并行循环计算。图 8-4 所示为 GPU 加速计算流程，包括数据域加载及初始化、时间推进和通量计算等。

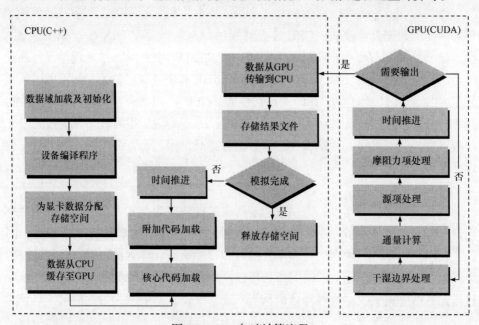

图 8-4 GPU 加速计算流程

1) 数据初始化

对模型的数据进行初始化，包括降水量、曼宁系数、不同土地利用类型、污染物浓度及地形等数据。

2) 核函数

在核函数(Kernal)中，对所需的参数进行定义，模型的输入数据与所需结果都会作为 Kernel 函数的参数。参数包括定义变量、网格、边界条件，网格主要是结构网格。

3) GPU 并行计算

GPU 并行程序的对象是进行空间离散后的每个网格及每个网格节点，将每次循环所需要计算的内容分配至 GPU 的每个线程中，大量的线程数会缓解数据访问的延迟。采用结构网格，按照矩阵方式分配每个线程计算的网格，每个

GPU 线程按任务依次计算网格单元的边界通量和源项等过程,将输入数据与所需结果作为 Kernel 函数的参数,在所有的节点计算完毕后,将计算结果返回至显存中。为了减少显存与内存间数据交换的损耗,初始化后的所有数据都传递至显存中,计算过程中所有数据都在显存内进行交换,直到需要将结果输出时,再将显存中存储的数据返回至内存中。

4) 模型算法计算

模型算法计算主要包括干湿边界处理、通量计算、源项处理、摩阻项处理等,在 Kernal.cu 中对这些过程进行编程,具体的计算过程可参考本书前几章的内容。

8.6 计算加速效果

8.6.1 基于 GPU 加速的并行计算平台搭建

本节选取了 6 种典型的 GPU 类型,针对水动力模型 GPU 加速效果进行分析。GPU 类型及关键计算参数见表 8-2,显然 NVIDIA Tesla P100 的计算性能是最佳的,其流处理器数目远超于其他类型的 GPU。计算平台选用的 CPU 类型为 Intel(R) Core (TM)i7-7700,所有应用计算只基于此 CPU 类型进行计算。CPU 类型及关键计算参数如表 8-3 所示。

表 8-2 GPU 类型及关键计算参数

GPU 类型	计算架构	晶体管数/亿	流处理器数/个	显存容量/MB	单精度浮点数/TFLOPS	显存带宽/(GB/s)
NVIDIA GeForce GTX 1050Ti	Pascal	33	768	4096	2.1	112
NVIDIA GeForce GTX 1070	Pascal	72	1920	8192	8.1	256
NVIDIA GeForce RTX 2070	Pascal	108	2304	8192	7.5	448
NVIDIA GeForce GTX 1080	Pascal	72	2560	8192	9	320
NVIDIA GeForce RTX 2080	Pascal	136	2944	8192	10.1	448
NVIDIA Tesla P100	Pascal	150	3584	16384	9.3	540

表 8-3　CPU 类型及关键计算参数

CPU 类型	计算架构	主频	线程数	三级缓存	最大内存支持
Intel(R) Core (TM)i7-7700	Haswell	3.6GHz	8 线程	6MB	8GB

8.6.2 基于 GPU 并行计算的加速效果对比分析

在 8.6.1 小节中搭建好的 GPU 并行加速计算平台基础上，利用二维水文水动力模型，以陕西省西咸新区沣西新城为典型城市测试算例，对不同降水及网格分辨率情形下的城市雨洪过程进行模拟，并进一步量化分析 GPU 并行加速技术在城市雨洪过程的计算效率。模拟区域区位图如图 8-5 所示。模型计算采用开放边界，四周无入流，使用双精度格式定义变量，计算过程 CFL 值设定为 0.5。

图 8-5　模拟区域区位图

基于已构建的陕西省西咸新区沣西新城城市雨洪模型，通过对该地区城市雨洪过程进行模拟，探讨两种降水重现期(5 年和 50 年)在不同计算平台条件下的城市雨洪过程模拟计算效率。其中，研究区域的网格分辨率分别为 1m、2m、5m、10m，分别对应的网格数为 21484522、5369855、859682、215131。通过表 8-4 所示的 CPU 和 GPU 计算时间和加速比比较，以 1 核 CPU 作为比较标准，设定其加速比为 1，考虑所有分辨率下，CPU 计算核心数为 4 核，其提升效果仅为 2.99 倍，而基于 GPU 的水动力过程模拟计算效率相比 GPU(1 核)的提升效果(加速比)

最高可达 158.72 倍(Tesla P100)，且可高效模拟千万级网格尺度城市雨洪过程(网格分辨率为 1m)。可见 GPU 计算能力远超 CPU。不同降水重现期模拟计算时间分别如图 8-6、图 8-7 所示，不同降水重现期计算加速比对比如图 8-8 所示。

表 8-4　CPU 和 GPU 计算时间和加速比比较

运算背景	网格分辨率/m (网格数)	5 年一遇降水		50 年一遇降水	
		计算时间/min	加速比/倍	计算时间/min	加速比/倍
CPU(1 核)	1(21484522)	—	—	—	—
	2(5369855)	—	—	—	—
	5(859682)	3623.28	1	3988.66	1
	10(215131)	113.41	1	117.106	1
CPU(4 核)	1(21484522)	—	—	—	—
	2(5369855)	—	—	—	—
	5(859682)	1231.66	2.94	1332.89	2.99
	10(215131)	47.98	2.36	48.66	2.41
GTX 1050Ti	1(21484522)	—	—	—	—
	2(5369855)	467.94	—	502.96	—
	5(859682)	142.55	25.42	155.70	25.61
	10(215131)	4.75	23.88	4.89	23.95
GTX 1070	1(21484522)	—	—	—	—
	2(5369855)	209.29	—	224.86	—
	5(859682)	73.90	49.03	77.39	51.54
	10(215131)	2.33	48.67	2.31	50.69
RTX 2070	1(21484522)	—	—	—	—
	2(5369855)	205.71	—	215.59	—
	5(859682)	63.34	57.20	68.90	57.89
	10(215131)	2.02	56.14	2.06	56.84
GTX 1080	1(21484522)	—	—	—	—
	2(5369855)	184.69	—	195.00	—
	5(859682)	53.25	68.04	58.08	68.68
	10(215131)	1.71	66.32	1.76	66.53
RTX 2080	1(21484522)	—	—	—	—
	2(5369855)	170.63	—	177.98	—
	5(859682)	50.95	71.11	55.27	72.17
	10(215131)	1.61	70.44	1.63	71.84
Tesla P100	1(21484522)	4678.75	—	5211.72	—
	2(5369855)	74.81	—	78.05	—

续表

运算背景	网格分辨率/m (网格数)	5年一遇降水		50年一遇降水	
		计算时间/min	加速比/倍	计算时间/min	加速比/倍
Tesla P100	5(859682)	23.33	155.31	25.13	158.72
	10(215131)	0.78	145.40	0.80	146.38

注:"—"表示网格数超过了设备的计算上限。

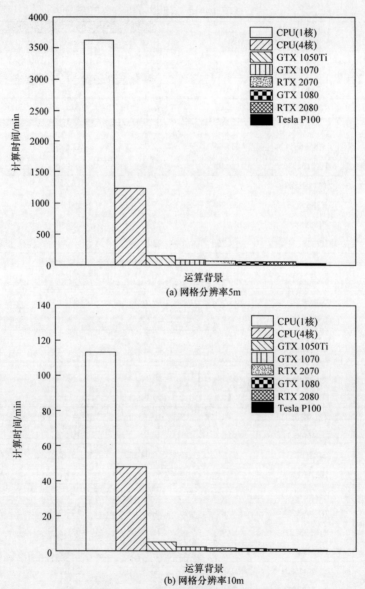

图 8-6　5年一遇降水计算时间对比

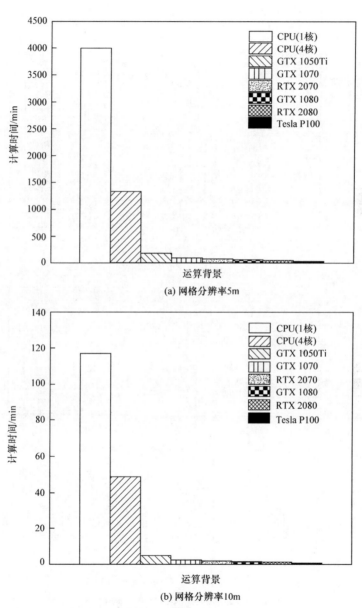

图 8-7　50年一遇降水计算时间对比

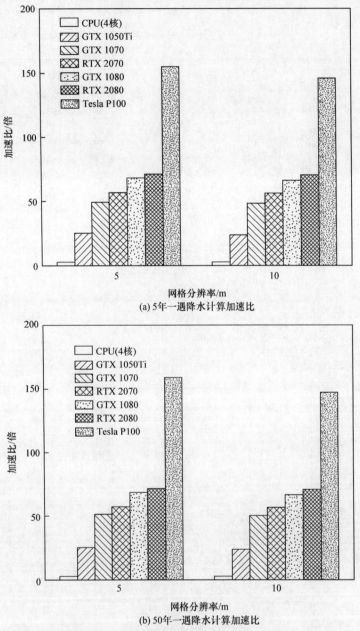

图 8-8 不同降水重现期计算加速比对比

本章主要介绍了全水动力模型的加速方法,包括三类加速算法、CPU 加速技术及 GPU 加速技术等。重点介绍了 GPU 加速技术的原理、实现流程和优势。GPU 加速技术能够以较低的成本获得更优的加速效果,对于大暴雨和大尺度高分辨率条件下的全水动力模拟也具有更强大的适应性。采用搭载专业计算显卡 NVDIA Tesla P100 的 PC，计算效率相比较 Intel(R) Core (TM)i7-7700(1 核)的提升效果最高可达 158.72 倍加速比。

参 考 文 献

[1] BATES P D, HORRITT M S, FEWTRELL T J. A simple inertial formulation of the shallow water equations for efficient two-dimensional flood inundation modelling[J]. Journal of Hydrology, 2010, 387(1-2): 33-45.

[2] BATES P D, DE ROO A P J. A simple raster-based model for flood inundation simulation[J]. Journal of Hydrology, 2000, 236(1-2): 54-77.

[3] HUNTER N M, BATES P D, HORRITT M S, et al. Simple spatially-distributed models for predicting flood inundation: A review[J]. Geomorphology, 2007, 90(3-4): 208-225.

[4] CUNGE J A, HOLLY F M, VERWEY A. Practical Aspects of Computational River Hydraulics[M]. London: Pitman Publishing Limited, 1980.

[5] WANG Y, LIANG Q, KESSERWANI G, et al. A positivity-preserving zero-inertia model for flood simulation[J]. Computers and Fluids, 2011, 46(1): 505-511.

[6] HUNTER N M, BATES P D, NEELZ S, et al. Benchmarking 2D hydraulic models for urban flooding[J]. Water Management, 2008, 161(1): 29-36.

[7] HUNTER N M, HORRITT M S, BATES P D, et al. An adaptive time step solution for raster-based storage cell modeling of floodplain inundation[J]. Advances in Water Resources, 2005, 28(9): 975-991.

[8] HUNTER N M, BATES P D, HORRITT M S, et al. Improved simulation of flood flows using storage cell models[J]. Proceedings of the Institution of Civil Engineers: Water Management, 2006, 159(1): 9-18.

[9] TRAN V D, HLUCHY L. Parallelizing Flood Models with MPI: Approaches and Experiences[C]. Computational Science-ICCS 2004, 4th International Conference, Kraków, Poland, Proceedings, PartI. DBLP, 2004.

[10] NEAL J, FEWTRELL T, TRIGG M. Parallelisation of storage cell flood models using OpenMP[J]. Environmental Modelling & Software, 2009, 24(7): 872-877.

[11] ANGUITA M, ACOSTA M, FERNANDEZ-BALDOMERO F J, et al. Scalable parallel implementation for 3D semi-implicit hydrodynamic models of shallow waters[J]. Environmental Modelling & Software, 2015, 73: 201-217.

[12] XIA X, LIANG Q. A GPU-accelerated smoothed particle hydrodynamics (SPH) model for the shallow water equations[J]. Environmental Modelling and Software, 2016, 75: 28-43.

[13] 邓世广, 王淑艳, 赵文津, 等. 基于 OpenMP 并行计算的匹配追踪时频分析方法[J]. 石油地球物理勘探, 2018, 53(3): 454-461, 1-2.

[14] 唐静, 李彬, 周乃春, 等. 基于非结构网格流场超大规模并行计算[J]. 空气动力学学报, 2016, 37(1): 61-67.

[15] 王巍. 浅水方程有限体积法的并行计算研究[D]. 上海: 上海交通大学, 2008.

[16] SHEKE S, KALYAN W. Parallel multigrid solver for Navier-Stockes equation using Open MPI[J]. International Journal of Computer Science Trends and Technology, 2015, 3(5): 131-134.

[17] 周磊, 谭伟伟, 牛俊强. 航空 CFD 流场计算多 GPU 并行加速技术研究[J]. 航空计算技术, 2018, 48(5): 11-14.

[18] 余欣, 杨明, 王敏, 等. 基于 MPI 的黄河下游二维水沙数学模型并行计算研究[J]. 人民黄河, 2005, 27(3): 49-50, 53.

[19] 肖汉. 基于 CPU+GPU 的影像匹配高效能异构并行计算研究[D]. 武汉: 武汉大学, 2011.

[20] 周琛. 面向 CPU/GPU 混合架构的地理空间分析负载均衡并行技术研究[D]. 南京: 南京大学, 2018.

[21] 陈召曦, 孟小红, 郭良辉, 等. 基于 GPU 并行的重力、重力梯度三维正演快速计算及反演策略[J]. 地球物理学报, 2012, 55(12): 4069-4077.

[22] 赵旭东, 梁书秀, 孙昭晨, 等. 基于 GPU 并行算法的水动力数学模型建立及其效率分析[J]. 大连理工大学学报, 2014, 54(2): 204-209.

[23] LACASTA A, MORALES-HERNÁNDEZ M, MURILLO J, et al. An optimized GPU implementation of a 2D free surface simulation model on unstructured meshes[J]. Advances in Engineering Software, 2014, 78: 1-15.

[24] LIANG Q, SMITH S L. A high-performance integrated hydrodynamic modelling system for urban flood simulations[J]. Journal of Hydroinformatics, 2015, 17: 518-533.

[25] LIANG Q, XIA X, HOU J. Catchment-scale high-resolution flash flood simulation using the GPU-based technology[J]. Procedia Engineering, 2016, 154: 975-981.

[26] SMITH L S, LIANG Q. Towards a generalised GPU/CPU shallow-flow modelling tool[J]. Computers & Fluids, 2013, 88: 334-343.

[27] SHARMA A, TIWARI K N. A comparative appraisal of hydrological behavior of SRTM DEM at catchment level[J]. Journal of Hydrology, 2014, 519: 1394-1404.

第9章 洪水演进过程模拟算例

第 2~8 章已经对地表水文水动力过程稳健模型的数值方法进行了系统介绍。从本章开始，将对该模型的实际应用效果进行相关介绍。本章以洪水演进这一典型地表水动力过程为例，介绍水文水动力模型模拟不同类型洪水演进过程的效果。模型运行需要输入相关的地形、水文和水动力数据，包括 DEM 数据、数字正射影像图(digital orthophoto map，DOM)、入流数据、曼宁系数、下渗参数及其他边界和初始条件等。

9.1 莫珀斯洪水演进过程数值模拟

9.1.1 研究区概况

研究区位于英国英格兰东北部诺森伯兰郡的小镇莫珀斯(Morpeth)，旺斯贝克河穿城而过，拥有被列为一级保护建筑物的莫珀斯城堡及 13 世纪的莫珀斯小教堂等历史景观，旅游业发达。然而莫珀斯城区河道蜿蜒，位于旺斯贝克流域，流域地势平缓，海拔较低，平均海拔约 163m，旺斯贝克河主要河段有一个活跃的洪泛区，其宽度为 100~300m，莫珀斯小镇就位于这个洪泛区，在市中心就有 1407 处房产被确定处于有风险的洪水多发地带，历史上多次洪水泛滥，最严重的洪水事件发生在 2008 年 9 月。研究区域 DOM 数据如图 9-1 所示。

2008 年 9 月 4~6 日，英格兰东北部遭遇了一场特大风暴，莫珀斯气象观测降水量达 152.3mm，相当于 9 月平均降水量的 235%。且由于 7 月和 8 月的降水，流域已经几乎饱和，使得更多地表径流和河流水位快速上升。在莫珀斯上游约 2.2km 的米特福德水文站观测峰值流量达到 357m³/s，巨大流量导致防洪堤自建成以来第一次被冲顶破坏，莫珀斯经历了有记录以来最严重的洪水。

1) 地形数据

研究区域选择莫珀斯中心城区 1.35km² 的区域，为 2008 年 9 月洪水主要淹没区域，地形资料采用当地环保部门提供的 2m 分辨率 DEM 数据。图 9-2 为研究区域 DEM 数据。

2) 上游入流资料

莫珀斯所在的旺斯贝克流域总面积为 31km²，其上游集水面积为 287.3km²。

图 9-1 研究区域 DOM 数据

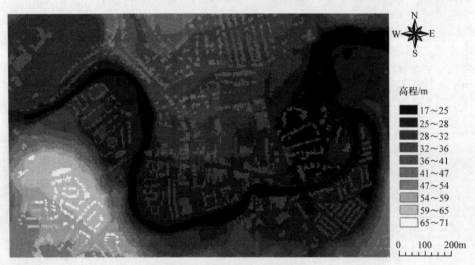

图 9-2 研究区域 DEM 数据

米特福德水文站位于旺斯贝克流域中下游，集水面积为 282.03km^2，与莫珀斯集水面积相差 1.8%，基本可以概化莫珀斯城区的洪水过程。流量资料采用米特福德水文站 2008 年 9 月 5 日 16:00 到 9 月 7 日 18:00 的实测流量数据。洪水入流过程线如图 9-3 所示。

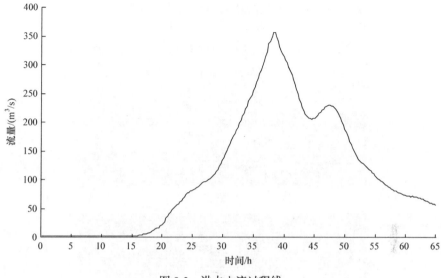

图 9-3　洪水入流过程线

9.1.2　模型设置及模拟结果分析

1) 模型设置

计算采用 2m 分辨率 DEM 数据,网格数为 326250,给定流量为 $2.5 m^3/s$ 的恒定入流作为河流初始流量至流态稳定,上游边界为入流边界,下游边界为自由出流边界,其余为闭边界。根据当地实际,选取研究区的曼宁系数为 0.02,设定 CFL 值为 0.5,每隔 1h 输出一次结果文件。洪水演进过程如图 9-4 所示。

2) 模拟结果分析

本小节选取四个包含干湿边界的主要淹没区域 A、B、C、D,最大淹没范围如图 9-5 所示,对模型 2m 分辨率的计算结果与实测结果进行对比分析。四个区域 2m

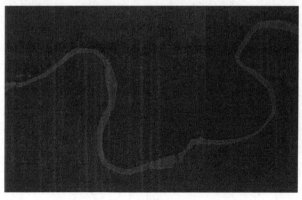

t=15h

t=30h

t=45h

t=60h

图 9-4　洪水演进过程

分辨率的模型模拟最大淹没范围对应于图 9-6。通过分析计算得到，模型在 2m 分辨率条件下，A、B、C、D 四个区域的最大淹没面积计算绝对误差分别为 0.96%、1.81%、1.21%、1.04%；在 5m 分辨率条件下，A、B、C、D 四个区域的最大淹没面积计算绝对误差分别为1.51%、3.36%、1.62%、1.63%，具体对比数据如表9-1所示。

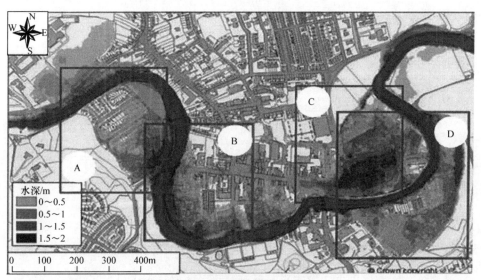

图 9-5 最大淹没范围(见彩图)

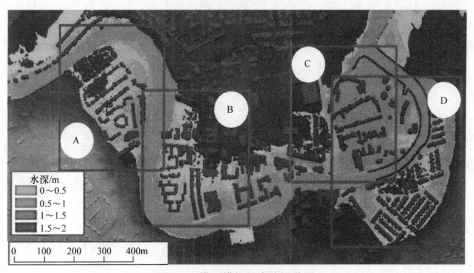

图 9-6 模型模拟最大淹没范围

表 9-1 淹没区域最大淹没面积对比

区域	网格尺寸 /(m×m)	总面积/m²	实测最大淹没面积/m²	水动力模型计算淹没情况	
				最大淹没面积/m²	绝对误差/%
A	5×5	144534	78914	80106	1.51
	2×2	144534	78914	78156	0.96
B	5×5	119713	56377	58271	3.36
	2×2	119713	56377	57397	1.81

续表

区域	网格尺寸/(m×m)	总面积/m²	实测最大淹没面积/m²	水动力模型计算淹没情况	
				最大淹没面积/m²	绝对误差/%
C	5×5	144523	77139	75889	1.62
	2×2	144523	77139	76206	1.21
D	5×5	176330	113585	111734	1.63
	2×2	176330	113585	112404	1.04

9.2 托斯大坝溃坝洪水演进过程数值模拟

9.2.1 研究区概况

托斯(Tous)大坝位于西班牙胡卡尔河流域，集水面积达到17820km²。托斯大坝溃坝实景图如图9-7所示。1982年10月20~21日，胡卡尔河流域发生了一场极端暴雨，巨大的洪水汇流直下，直接导致下游的托斯大坝溃坝[1]。托斯大坝溃坝后，当地政府及很多洪水研究机构都对此次事故进行了调研，得到了溃坝事故的详细数据资料，因此本节也应用此算例进行溃口流量及数值模型的计算验证。

图9-7 托斯大坝溃坝实景图[2]

研究区域DEM数据如图9-8所示。本节模拟验证主要模拟大坝下游7km的洪水演进过程。入流数据如图9-9所示。

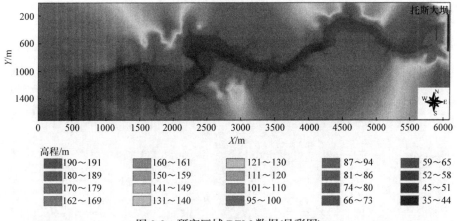

图 9-8 研究区域 DEM 数据(见彩图)

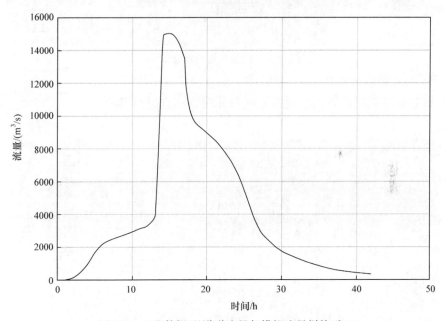

图 9-9 入流数据(溢洪道流量与模拟流量拼接后)

9.2.2 模型设置及模拟结果分析

1) 模型设置

计算模拟采用 8m 分辨率 DEM 数据,共有网格单元 163830。共模拟 38h,下游边界为自由出流边界,其余为闭边界。由于在测量点处分布有大片橙园(图 9-10),根据 Alcrudo 等[1]提供的曼宁系数参考值,选取河道曼宁系数为 0.04,橙园的曼宁系数为 0.09。在下游 5.7km 处(测量点),将模型计算的水深与实测数据进行比较。

图 9-10 测量点处橙园分布图

2) 模拟结果分析

经过数值模拟计算,得到图 9-11 所示洪水演进过程图。

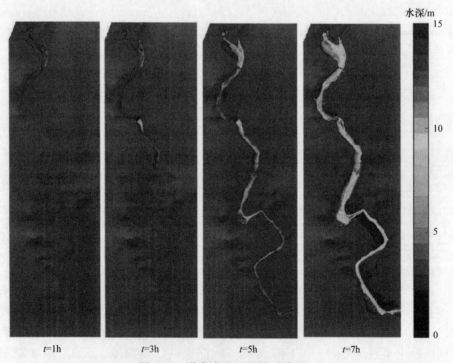

图 9-11 洪水演进过程图(见彩图)

如图 9-12 所示，在测量点处有两种不同来源的实测数据，由于实测数据 2 的洪峰峰值比实测数据 1 的洪峰峰值高，属于最危险的情况，故本小节采用实测数据 2 与模拟结果进行对比。通过测量点处水深模拟与实测数据可以看出，在大坝未漫顶之前，对于仅从溢洪道过流水流的下游演进模拟，模拟的结果与实测数据吻合很好，说明模型计算的洪水到达时间及到达时的流量很准确(图 9-12)。从溃坝起始时刻开始(即第 12h)，测量点处的水深快速增大，2h 后水深达到最大，最大水深为 18.41m，与实测最大水深相比，模拟最大水深延迟 21min，降低 0.58m。在水深下降阶段，模拟水深与已有的一个实测数据相比，水深降低了 0.68m，模拟结果较好。采用模拟值与实测值的均方根误差 RMSE 来评价模型的可靠度。RMSE 是评价误差的常用指标，值为 0 表示完全吻合，如果该值小于实测值标准偏差的一半，则表明模型性能良好[3]。RMSE 计算式为

$$\text{RMSE} = \sqrt{\frac{\sum_{i=1}^{n}(M_i - S_i)^2}{N}} \tag{9-1}$$

式中，M_i 为第 i 个模拟值；S_i 为第 i 个实测值；N 为模拟值或实测值数据总个数。

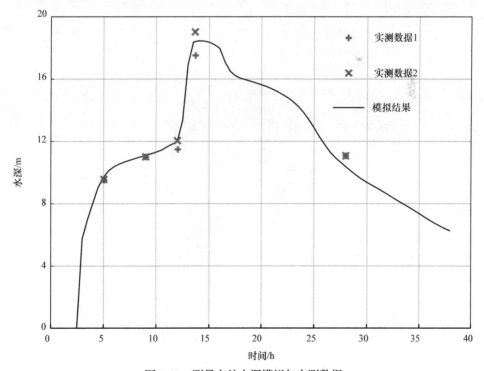

图 9-12 测量点处水深模拟与实测数据

经计算,模拟结果的 RMSE 为 0.4045,实测值的标准偏差为 3.3367,RMSE 小于实测值标准偏差的一半,表明模型性能良好。

9.3 小峪河洪水演进数值模拟及成因分析

9.3.1 研究区概况

陕西省西安市长安区小峪河流域位于陕西省秦岭山区内,地处亚热带与温带的过渡带,是我国南北方重要地理边界。如图 9-13 所示,小峪河流域面积约为 2.1km²,河道长度约 1.7km,平均坡度为 20°。2015 年 8 月 3 日,受短历时强降水影响,小峪河流域突发山洪灾害。在此次山洪事件中,9 人在小峪河附近被水流冲走。根据气象部门资料显示,该场降水累计降水量为 145.7mm,为 1985 年以来该区域发生的最大降水。灾害发生后,洪水携带着大量的碎石及漂浮物等冲到了小峪河主沟道内,路基和房屋遭到了严重破坏,小峪河灾害发生后现场情况如图 9-14 所示。

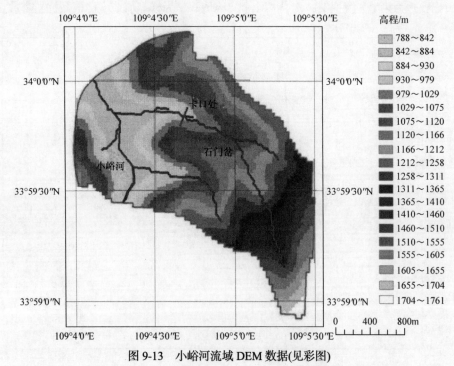

图 9-13 小峪河流域 DEM 数据(见彩图)

图 9-15 为小峪河事故地点航拍图。此时为了增加河道的行洪能力,在沟道出口处修筑了明渠,以起到导流作用,使河道行洪通畅。

图 9-14　小峪河灾害发生后现场情况

图 9-15　小峪河事故地点航拍图

1. 地形资料

小峪河流域的特殊地形特征是导致此次山洪事件的另一重要原因。本次调研采用无人机机载激光雷达技术获取小峪河流域下游 0.2m 分辨率研究区域的 DEM 数据[图 9-16(a)]，并进一步处理得到坡度分析数据[图 9-16(b)]。根据地形特征分析可知，河道内的地形存在两次卡口收缩处，从而形成堰塞湖，随着堰塞湖的溃决，水流在卡口处流速增加，对下游造成更加严重的破坏。

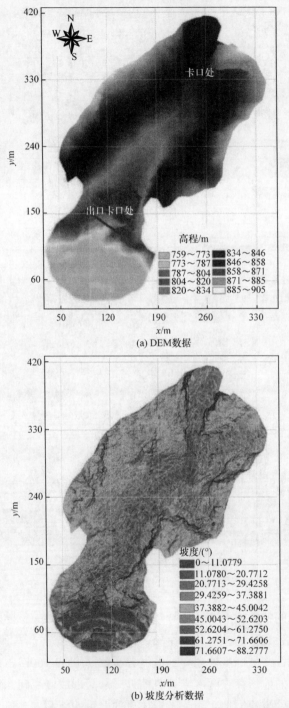

图 9-16 小峪河流域部分区域 DEM 数据及坡度分析数据(见彩图)

图 9-17 为河道卡口处实景图及横断面高程。河道卡口最窄处宽度约为 17m，

(a) 河道卡口处实景图

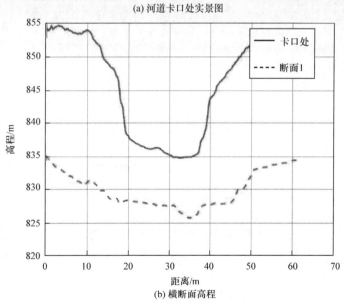

(b) 横断面高程

图 9-17 河道卡口处实景图及横断面高程

山洪携带的大量巨石和树木等易被卡口挡住，形成堰塞湖。随着上游来水的增加，堰塞湖水位不断上升，当水位到达一定高度时，堰塞体溃决，从而发生溃决事件，溃决洪水迅速下泄，对下游造成更加严重的破坏。通过走访当地村民发现，山洪灾害在降水约 0.5h 后发生，期间沟道中并未有汇流情况。强降水使河道流量通常会突然增加，出现这一现象表明在上游区域的河道内很有可能发生了堵塞，形成堰塞湖，堵塞了径流通道。

基于高精度地形数据，对小峪河下游部分区域坡度进行分析。小峪河流域的边坡相当陡峭，在部分断面，边坡坡度可达 60°，地表径流将会快速汇入主河道。此外，从图 9-18 所示的小峪河河道坡度线可以看出，河道坡度也非常陡峭，平均横坡坡度约为 1∶5，溃决洪水将会迅速地涌向下游出水口处。溃决洪水涌向下游，再经陡峭河道加速，将横扫河道，冲走下游的巨石和树木。小峪河出口处的另一次卡口收缩将会形成壶口效应，集中水流能量，对下游房屋及道路造成更大程度的破坏。

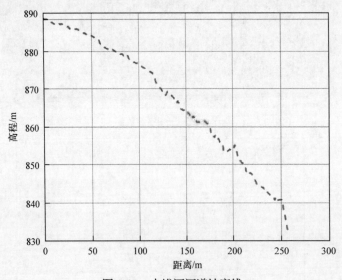

图 9-18　小峪河河道坡度线

2. 植被状况

沟道中杂物堆积照片如图 9-19 所示。洪水中的杂物主要由岩石碎片、木棍和落入沟道的木材等组成。除了山坡上的灌木，在主河道中还有大量林木，这些树木可以增加地表曼宁系数，进而达到削减洪峰的目的。但散落在河道中的原木、树枝和树叶等杂物如未及时清理，发生强降水时，由于水流的巨大携带作用，随着水流的输运作用，从而在卡口处汇集。巨石是河道中的另一类主要堆积物，高速洪水将这些巨石和木质杂物等一起冲向下游，当到达卡口处，堵塞河道，形成堰塞湖。随着水流的持续，蓄水量也逐渐变大，直至发生溃决，造成山洪灾害。

图 9-19 沟道中杂物堆积照片

3. 降水资料

2018 年 3 月 15 日的实地调查显示，此次突发山洪事件与该区域内的极端降水条件、地形特征和植被特征有关，下面将详细分析导致山洪暴发的三个主要原因。

为了解导致该事件的降水过程，对西安市长安区内各个气象站点的降水资料进行了收集整理。小峪河附近雨量站分布如图 9-20 所示。小峪河流域内并未设置雨量站，距离事故发生流域最近的雨量站位于引镇，因此用引镇雨量站(距离小峪河约 9.5 公里)的记录近似代表小峪河的降水情况。2015 年 8 月 3 日，引镇雨量站逐小时降水数据如图 9-21 所示。该日 5h 累计降水量为 144.8mm，仅前 2h 已达到 126.6mm。根据西安市以芝加哥雨型推算出的 IDF 曲线显示，本次降水的重现期约为千年一遇。

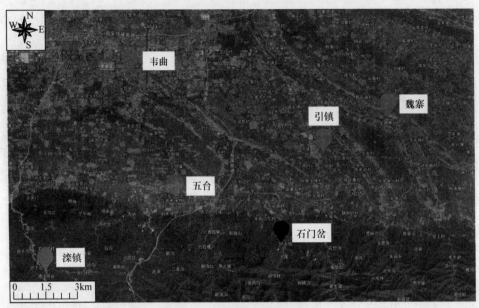

图 9-20 小峪河附近雨量站分布

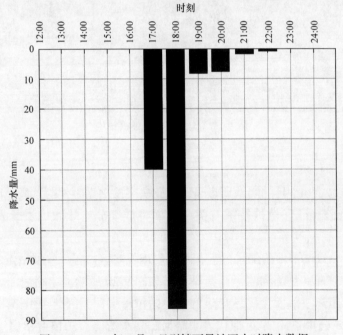

图 9-21 2015 年 8 月 3 日引镇雨量站逐小时降水数据

9.3.2 模型设置及模拟结果分析

1) 模型设置

本小节采用全水动力模型对此次溃坝洪水过程进行数值模拟。假定堰塞湖为瞬时溃坝过程，初始堰塞湖位置设置如图 9-22 所示，为了更详尽地表现出地形特征，采用分辨率为 0.2m 的高分辨率 DEM 数据进行模拟计算，曼宁系数设置为 0.02。模拟时长为 10min，得到溃坝洪水向下游演进的过程。

2) 模拟结果分析

据现场调查，以及目击者的照片和视频显示，以图 9-23 中房屋墙体上的洪痕为参考依据。图 9-24 为计算得到的洪痕点水深曲线，模型模拟的水深接近

图 9-22 初始堰塞湖位置设置(浅色部分)

1.8m，模拟结果与实测水位比较接近。图 9-25 为洪痕到达最高点时事故发生地流场分布图。此时，房屋周围的流速约为 9m/s，根据相关研究，在良好外界环境下，人在水中所可以承受的最大流速为 3m/s，足见此次洪水灾害破坏力之强大。

图 9-23 洪痕示意图

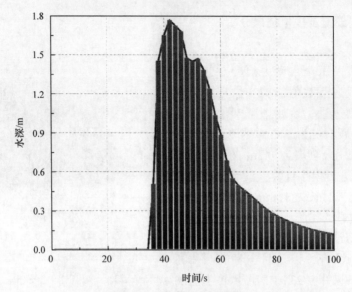

图 9-24 洪痕点水深曲线

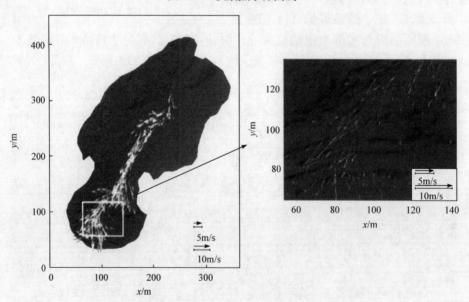

图 9-25 洪痕到达最高点时事故发生地流场分布图

图 9-26 为此次溃坝后的洪水演进过程模拟。模拟结果显示，自溃口位置开始到洪水演进至沟道出口处，用时仅 30s 左右，图中也局部放大了两个房屋中间的水流来洪及消退过程[图 9-26(c)和(d)]。根据前期现场调研洪痕情况及走访发现，模拟结果与实际洪灾发生过程较为吻合。从溃坝处演进的洪水在两房屋中间形成巨大的水流冲击力，导致在此处的游客被洪水冲进下游的主河道内。

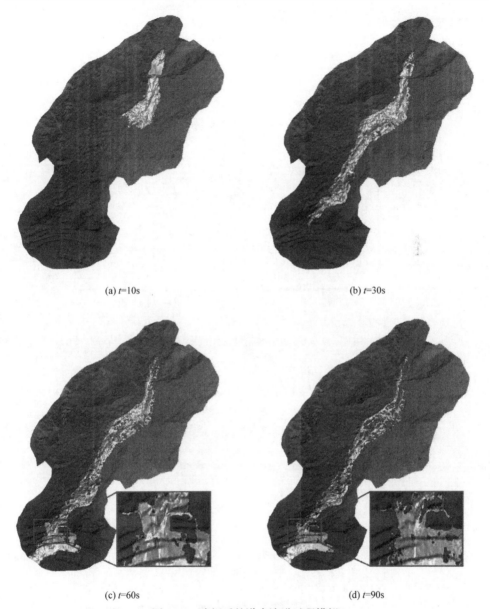

(a) t=10s (b) t=30s (c) t=60s (d) t=90s

图 9-26 溃坝后的洪水演进过程模拟

为了量化分析此次洪水事件的行洪过程，选取断面 1 和断面 2 作为研究点，对两处断面的洪水流量及水深变化过程进行了模拟，结果分别如图 9-27 和图 9-28 所示。由图 9-27 可以看到，在靠近溃坝位置处的断面 1，其最大洪峰流量达到 118m³/s，而在断面 2 处，其洪峰流量也在 65m³/s。由图 9-28 可知，断面 1 和断面 2 的最大水深均达到 1.5m 以上。因此，从流量方面来看，此次洪水过程造成的灾害影响很大。

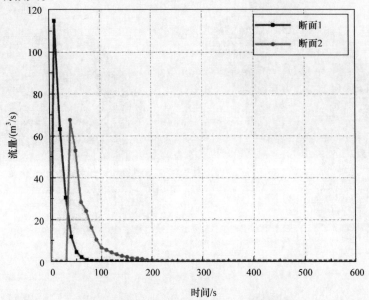

图 9-27　断面洪水流量变化过程模拟结果

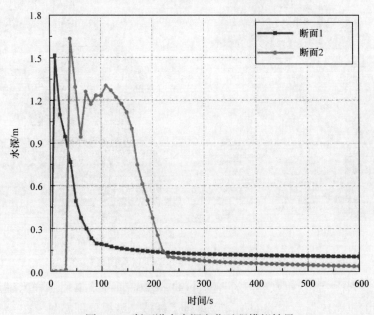

图 9-28　断面洪水水深变化过程模拟结果

此外，本小节还分析了模拟过程中曼宁系数的敏感性，对曼宁系数分别为 0.015、0.02 和 0.03 的情况进行了模拟计算，如图 9-29 所示。从计算结果来看，曼宁系数对模拟结果没有显著影响。曼宁系数分别为 0.02 和 0.03 时，其峰值流量仅变化了 9%。

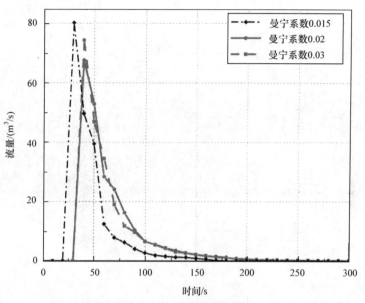

图 9-29　曼宁系数敏感性分析

本小节分析的洪水事件是一种罕见的灾难性事件(导致 9 人丧生)。为了避免类似的灾害再次发生，对降水、地形特征、当地植被条件和人类行为分别作出分析。

除暴雨外，地形特征是形成堰塞湖的主要原因之一。河道内的卡口挡住了大量大型枯枝断木和卵石。因此，对于发生河道收缩的集水区，考虑到可能形成堰塞湖，以及发生堰塞湖溃决，建议进行额外的洪水风险分析。

原木、树枝等散落在河道上，是导致形成堰塞湖的另一个重要原因。因此，在类似河道或沟道内要及时清理，特别是河道内的枯枝断木。例如，当地政府可以安排每年一次巡逻，采取相应措施将一些大原木切成小块，避免雨季来临前堵塞河道。

由于山谷出口有两栋房屋，河流流经此处时会发生收缩，水流通过房屋之间的空隙，产生喷嘴效应，使流速增加，增强了水流的动能和剪应力，造成巨大的灾害风险。建筑物不应规划在河谷出口，应留出足够的空间以供行洪。

通过调研发现，在河道交汇处，并没有相关防护措施，增加了路边行人的风险。如果采取防护措施，可以防止行人被冲进河道。防护措施应设计成既能过水又能拦截人，还能承载来自河水中夹杂的漂浮物的冲击。沿河护栏设置示意图如图 9-30 所示。

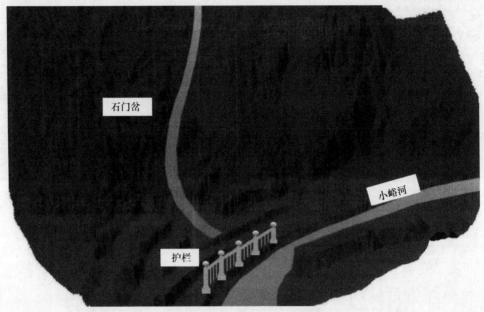

图 9-30 沿河护栏设置示意图

综上所述,在洪涝灾害成因方面,暴雨、特殊地形特征和当地植被条件起着重要作用。由于沟谷和沟道的坡度较大,暴雨在沟道内诱发了快速径流和高流量。洪水携带着大型断木和巨石到达下游,直到被堵塞在卡口处,形成堰塞湖。堰塞湖积蓄大量雨水,随后溃决,溃坝波开始向出口处蔓延,造成巨大山洪灾害。

对于河道内存在大量断木和巨石的陡峻收缩集水区,应考虑潜在的堰塞湖和溃决过程,进行额外的风险评估。在这种情况下,房屋不能建在河谷出口,以避免通过人为方式形成收缩段,集中洪水能量,加重灾害。此外,建议在河谷出口和河岸设置护栏,以防人员被冲进河道。

9.4 金沙江白格堰塞湖溃坝洪水演进数值模拟

9.4.1 研究区概况

堰塞湖是由地震等造成的山体滑坡,堵截河谷或河床后贮水而形成的湖泊。如果遇到强余震、暴雨,堰塞湖可能会发生溃坝,对下游人民的生命财产造成威胁。同时,由于堰塞湖水位不断上升,也会对上游造成淹没的危险[4]。

2018年10月10日22时6分,西藏自治区昌都市江达县和四川省甘孜藏族自治州白玉县交界处发生山体滑坡,堵塞了金沙江干流河道,形成堰塞湖。10

月 12 日 17 时 20 分，堰塞湖开始漫顶溢流。10 月 13 日 9 时，湖水水位下降超过 20m，溃坝隐患完全消除，10 月 13 日 20 时，堰塞湖险情基本排除。对无人机拍摄的堰塞体三维点云图(图 9-31)进行测量，得到堰塞体右岸被冲出的梯形水槽，顶宽约 160m，底宽约 70m，深约 55m。2018 年 11 月 3 日 17 时 40 分，原滑坡地点发生二次滑坡，由于二次滑坡的土石方堵塞了初次滑坡后自然泄流冲出的水槽，同时在初次滑坡的土石方上再堆积，使堰塞体高度升高，危险增加。2018 年 11 月 12 日 10 时 50 分，人工开挖的泄流槽开始过流。2018 年 11 月 15 日 8 时，堰塞湖水位基本稳定，险情缓解。

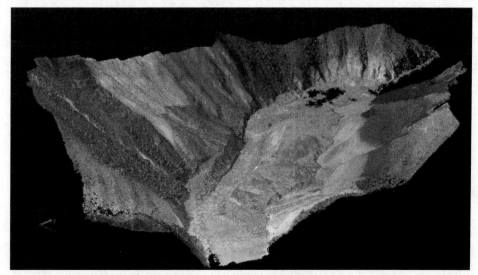

图 9-31　堰塞体三维点云图

本小节模拟的研究范围为从白格堰塞体至下游 235km 内的河段。

堰塞湖形成后，由于阻塞河道的堆积物颗粒松散，且堰塞体没有泄洪设施，在上游不断来流、湖水位持续升高的条件下，堰塞体溃坝风险逐渐增加[5]。为减小堰塞体溃决后对下游造成的灾害损失，准确计算溃坝流量及下游洪水演进过程显得尤为重要。比较经典且使用较多的溃口流量计算模型有 DAMBRK 模型[6]、BEED 模型[7]和 BREACH 模型等[8]；张大伟等[9]基于物理试验研究了两组粒径差别明显的砂样形成的堰塞体溃坝过程，并建立了具有物理意义的概念性溃口流量计算模型。在洪水演进方面，杨志等[10]采用侧向连接方式，建立了一维河道二维淹没区耦合模型，模拟研究了黑河金盆水库溃坝洪水演进过程，但由于溃坝水流具有明显的二维特性，且流态复杂，一维河道模型并不能准确描述该过程。肖潇等[11]基于非结构网格，采用有限体积法建立了蓄滞洪区洪水演进数学模型。王晓玲等[12]针对溃坝洪水在复杂淹没区域中的演进过程，建立了耦合流体界面追踪方法的三维紊流数学模型。但该模型计算效率比较低，模拟 8h 的洪水演进过程 CPU 耗时 480h。

9.4.2 模型设置及模拟结果分析

1. 模型设置

为高效高精度地模拟溃坝洪水演进过程，本次模拟采用中国水利水电科学研究院陈祖煜等于 2014 年提出的溃口演变模型 DB-IWHR 计算溃口流量，采用基于 GPU 加速技术的二维水动力模型模拟金沙江白格堰塞湖溃坝洪水演进过程[13]。通过与下游叶巴滩及苏洼龙电站断面实测流量过程进行对比，证明了该模型可用来模拟计算堰塞湖溃坝洪水演进过程。该模型主要包括溃口流量计算和溃口扩展过程分析两部分。

采用宽顶堰公式计算溃口流量，计算式为

$$Q = CB(H-z)^{3/2} \tag{9-2}$$

式中，Q 为溃口流量，m³/s；C 为流量系数，建议的取值范围为 1.43～1.69 m$^{1/2}$/s[14]；B 为溃口宽度，m；H 为水库水位，m；z 为溃口底部高程，m。

溃口扩展过程为岩土工程中已经被广泛接受的滑动面分析方法——简化的毕肖普法。该方法通过搜索可能的滑裂面，得到下切深度[15]，其表达式为

$$\frac{\mathrm{d}z}{\mathrm{d}t} = \frac{v}{a+bv} \tag{9-3}$$

式中，a、b 为冲刷参数；v 为扣除临界剪应力后的剪应力，N/m²，$v = k(\tau - \tau_c)$，k 为在剪应力 τ 范围内允许 dz/dt 接近其极值的单位变换因子，此处 k 取 100，τ_c 为临界剪应力，N/m²，τ 可由式(9-4)计算。

$$\tau = \gamma R J = \frac{\gamma N^2 V^2}{R^{1/3}} \approx \frac{\gamma N^2 V^2}{h^{1/3}} \tag{9-4}$$

式中，γ 为容重，N/m³；J 为引流槽坡降；R 为水力半径，m，若溃口宽度 B 远大于溃口水深 h，R 可近似取为 h；V 为流速，m/s；N 为曼宁系数。

图 9-32 为溃坝洪水计算流程图，主要描述了耦合模型计算溃坝洪水时所需的数据预处理、主机 CPU 与显卡 GPU 之间的数据交换、源项法的主要步骤及溃口演变模型。

模型的输入资料为地形数据、入流数据等。地形资料为从白格堰塞体到苏洼龙段的 DEM 数据，该区域精细地形难以获取，故基于美国对地观测卫星 Terra 提供的分辨率 30m 研究区域 DEM 数据(图 9-33)，利用遥感影像提取河道宽度，并下挖一定深度概化出水下河道地形。研究区域高程落差大约 500m，河段长 235km，平均坡度 0.002，平均宽度 300～600m。模拟网格单元 462 万，其中叶

第 9 章 洪水演进过程模拟算例

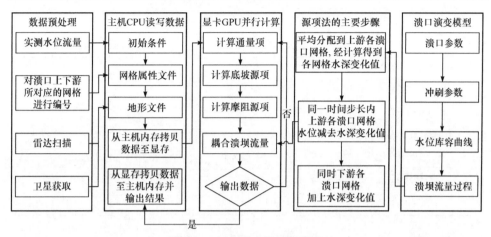

图 9-32 溃坝洪水计算流程图

巴滩段 87 万，苏洼龙段 375 万。入流数据为 DB-IWHR 溃坝模型计算的两次溃坝事故的溃口流量过程数据。上游边界为入流边界，下游边界为自由出流的开边界，其余边界定义为闭边界。金沙江断流后下游河道仍有大约 $200m^3/s$ 的流量，故给予河道 $200m^3/s$ 的恒定流量作为初始条件。根据现场实际情况选取曼宁系数为 0.02[15]，设定 CFL 值为 0.5，共模拟 40h 洪水演进过程。

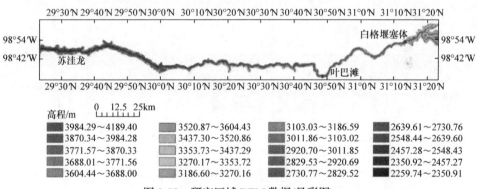

图 9-33 研究区域 DEM 数据(见彩图)

采用溃口演变模型 DB-IWHR 对"10·10"与"11·03"两次堰塞湖溃坝事故进行模拟计算，溃口流量计算参数见表 9-2，溃坝洪水流量过程线见图 9-34。

表 9-2 溃口流量计算参数

参数名称	"10·10"参数数值	"11·03"参数数值
溃口初始高程/m	2929.00	2952.52
溃口终止高程/m	2910.00	2905.75
初始水库水位/m	2932.5	2956.0

续表

参数名称	"10·10"参数数值	"11·03"参数数值
入库流量/(m³/s)	800	1500
初始溃口宽度/m	50.00	20.00
库容/亿 m³	2.4	5.8
起动流速/(m/s)	4.0	4.0
冲刷参数	$a=1.1$, $b=0.0004$	$a=1.1$, $b=0.0004$
容重/(kN/m³)	$\gamma=18.5$	$\gamma=18.5$
强度指标	$c=41\text{kPa}$, $\varphi=35°$	$c=41\text{kPa}$, $\varphi=35°$

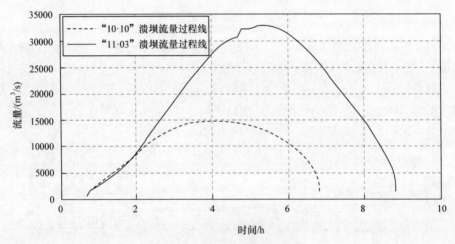

图 9-34 溃坝洪水流量过程线

2. 模拟结果分析

针对白格堰塞湖溃坝事故，应用二维水动力模型对堰塞体下游河段进行洪水演进模拟，洪水演进过程图如图 9-35 所示。

针对"10·10"白格堰塞湖溃坝事故，应用二维水动力模型对堰塞体下游 235km 长的河段进行洪水演进模拟。由于下游叶巴滩与苏洼龙处都有在建或已建成的水电站，各水电站的防洪安全是人们最为关心的，选取这两处的流量变化进行模拟对比。叶巴滩距离堰塞体 54km，苏洼龙距离堰塞体 224km，模拟耗时 61min。"10·10"溃坝洪水模拟与实测流量过程对比如图 9-36 所示。叶巴滩的模拟流量在上升和下降阶段都比实测快，模拟洪峰流量比实测数据大 5247m³/s，洪峰出现时间基本一致，误差主要在于溃口演变模型 DB-IWHR 模

第 9 章 洪水演进过程模拟算例

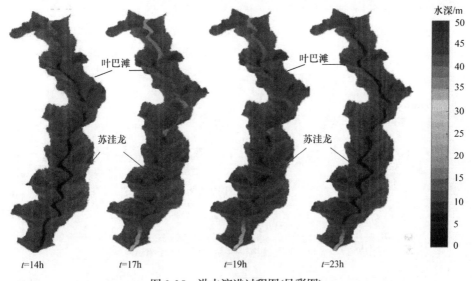

图 9-35 洪水演进过程图(见彩图)

拟计算的溃坝流量峰值比实测大；苏洼龙的模拟流量过程与实测流量过程吻合较好，模拟洪峰流量比实测数据大 220m³/s，流量下降阶段比实测要快。

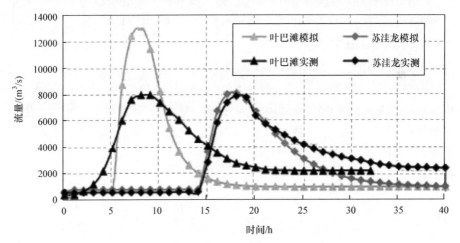

图 9-36 "10·10"溃坝洪水模拟与实测流量过程对比

"11·03"溃坝洪水模拟与实测流量过程对比如图 9-37 所示，模拟耗时 74min。结果表明，在叶巴滩处，模拟的洪峰流量比实测流量小 1012m³/s，流量过程整体延迟 2h；在苏洼龙处，模拟流量与实测流量吻合较好，模拟洪峰流量比实测流量小 614m³/s，在下降阶段比实测稍大。叶巴滩处产生误差的主要原因在于地形数据的精度不高，难以准确描述主要河道地形，尤其是水下地形。

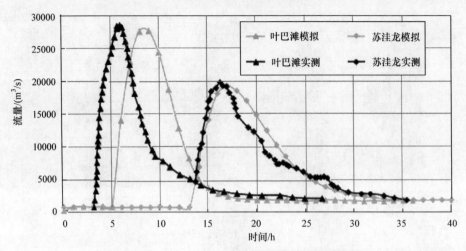

图 9-37 "11·03"溃坝洪水模拟与实测流量过程对比

应用二维水动力模型对"10·10"与"11·03"金沙江白格堰塞湖溃坝洪水演进进行模拟，通过将模拟流量过程与下游叶巴滩、苏洼龙水电站断面处的实测流量过程进行对比，可得到如下结论：

(1) 对于无高精度地形资料的山区，该二维水动力模型可以较好地模拟溃坝洪水演进过程。在对"10·10"与"11·03"两次溃坝事件的模拟中，苏洼龙处模拟结果较好，而叶巴滩处误差较大，主要原因是该处所用的卫星 Terra 提供的地形和概化的河道地形数据精度不高，较实际有较大偏差。

(2) 在堰塞体至苏洼龙段共 462 万网格的地形数据上进行历时 40h 的洪水演进模拟，采用英伟达 RTX 2080 显卡运行 GPU 并行加速计算技术，两次溃坝洪水演进模拟耗时分别为 61min 和 74min，可见该二维水动力模型在模拟洪水演进时是非常高效的。对于争分夺秒的洪水应急抢险工作，该模型可实现快速预测，为决策者提供有力数据支撑。

9.5 唐家山堰塞湖溃坝洪水演进高性能数值模拟

唐家山堰塞湖位于四川省北川羌族自治县境内，其堰塞坝位于北川老县城曲山镇上游 4km 处。2008 年 5 月 12 日发生的汶川大地震造成唐家山大量山体崩塌，两处相邻的巨大滑坡体夹杂巨石、泥土冲向河道，形成巨大的堰塞湖。堰塞坝体长 803m，宽 611m，高 82.65~124.4m，土方量约 2037 万 m^3，上下游水位差约 60m。6 月 6 日，唐家山堰塞湖储水量超过 2.2 亿 m^3。6 月 10 日 1 时 30 分，达到最高水位 743.1m，最大库容 3.2 亿 m³，极可能崩塌并引发下游洪灾，唐家山堰塞湖为汶川大地震形成的 34 处堰塞湖中最危险的一处。

1. 模型设置

本节算例以堰塞体至上游 20km、至下游 33.5km 长的河段为研究区域，模拟溃口流量过程及上下游的水动力过程。该区域精细地形难以获取，故基于美国对地观测卫星 Terra 提供的 30m 分辨率研究区域 DEM 数据(图 9-38)。利用遥感影像提取河道宽度，并下挖一定深度概化出水下河道地形，模拟网格总数 35 万。唐家山堰塞湖溃口演变模型计算参数见表 9-3，耦合模型计算的溃坝流量过程线见图 9-39。在堰塞坝溃口处，采用源项法将溃坝流量耦合进去，实现上、下游的连接，下游边界为自由出流边界，上游边界为入流边界，入流数据为实测入库流量 80m³/s，其余边界为闭边界。根据之前学者对唐家山堰塞湖下游洪水演进的模拟经验，曼宁系数取 0.035[15]，共模拟 24h。

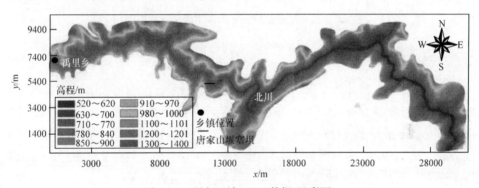

图 9-38 研究区域 DEM 数据(见彩图)

表 9-3 唐家山堰塞湖溃口演变模型计算参数

参数名称	取值	依据
溃口初始高程/m	740.00	基于泄流槽底部高程决定
初始水库水位/m	742.57	由堵塞期间堰塞湖最高水位确定
入库流量/(m³/s)	80	由实测入库流量决定
溃口初始宽度/m	16.00	基于泄流槽几何特征及 3m 水深确定
库容/亿 m³	2.45	水位库容关系曲线[14]
起动流速/(m/s)	2.7	文献[14]通过冲刷实验得到
冲刷参数	a=1.1, b=0.0007	文献[14]通过冲刷实验得到

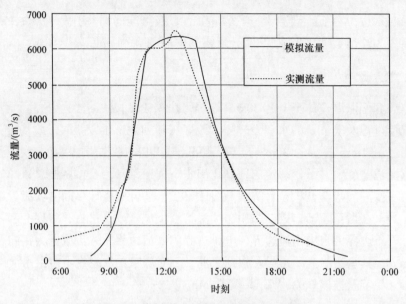

图 9-39 耦合模型计算的溃坝流量过程线

2. 模拟结果分析

图 9-40 为堰塞体溃决过程中的河道洪水演进图,由图可以明显地看到下游洪水演进、上游库区水位下降、淹没范围逐渐减小的过程。图 9-41 为 t=5h 时,堰塞体上、下游局部速度矢量图,图中箭头长度代表速度大小,箭头方向代表速度方向。从图 9-41 中可看出上游库区的速度普遍很小,只在溃口附近区域速度逐渐变大;下游河道区域,速度在接近 180°的弯道处出现明显衰减,意味着能量有损失,这与实际现象一致。选取下游北川与通口处的实测流量与耦合模型模拟结果对比,其中北川距离堰塞体 7km,通口距离堰塞体 33.5km,模拟耗时 18min。从 2008 年 6 月 10 日的北川与通口处模拟与实测流量过程对比可看出,北川处模拟与实测吻合较好,通口处的模拟流量在上升阶段略有延迟(图 9-42)。北川处洪水到达时间延迟 15min,但随后流量上升速度加快,洪峰流量比实测流量小 167m³/s(绝对误差约为 2.55%),峰现时间一致;在通口处,溃坝洪水模拟流量在上升阶段整体延后 60min 左右,洪峰流量比实测流量小 64m³/s(绝对误差约为 1.07%)。产生误差的主要原因是从卫星上得到的地形数据精度不高,难以准确描述河道地形,尤其是水下地形。

第 9 章 洪水演进过程模拟算例 · 143 ·

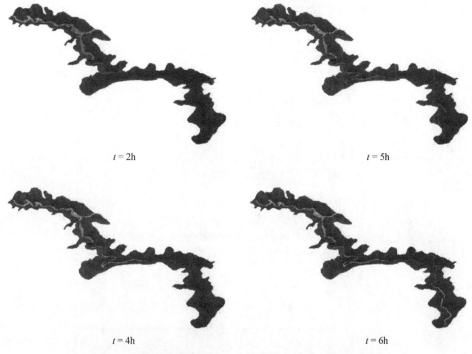

图 9-40 堰塞体溃决过程中的河道洪水(浅色部分)演进图

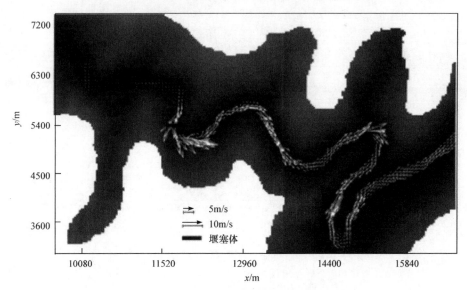

图 9-41 堰塞体上、下游局部速度矢量图(t=5h)

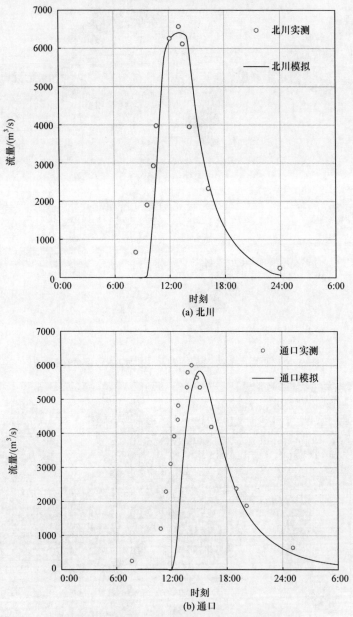

图 9-42　北川与通口处模拟与实测流量过程对比

9.6　马尔巴塞大坝溃坝洪水演进过程高性能数值模拟

马尔巴塞(Malpasset)大坝位于法国南部的雷兰河谷,1959年在一场特大暴雨后倒塌。许多学者已经对这一灾难性事件进行了模拟，以测试其数值模型[16-23]。现在该大坝被选作一个大尺度案例来验证当前的模型。模型网格由 13541 个节点和 26000 个三角形单元组成，Goutal[17]提供了地形数据计算网格[图 9-43(a)]。根据 Goutal 的建议，模拟中的实际拱坝近似为坐标点(4701.18m，4143.41m)和(4655.50m，4392.10m)之间的直线，不考虑破坏后的大坝残余。除假定海平面以上 100m，具有恒定水位的海水和水库外，漫滩最初假定为干涸。靠近海洋的边界被设置为开边界，而其他边界则被视为闭边界。曼宁系数为 0.033[16,18-22]。本

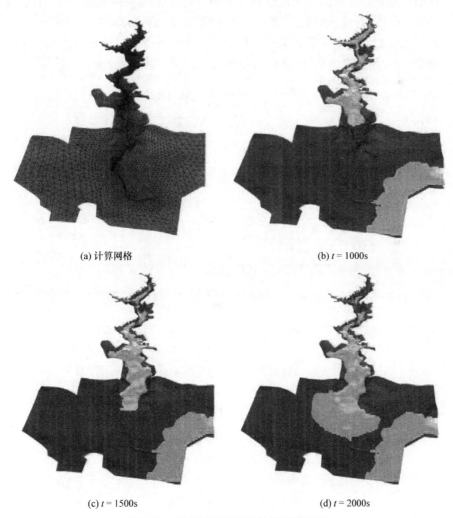

图 9-43 马尔巴塞溃坝事件模拟结果图

节案例采用了第三种 TVD 方法的浅水模型和 Delis&Nikolos 模型[24]。CFL 值设定为 0.5,当 t=3600s 时模拟停止。如图 9-43(b)~(d)所示,t=2000s 时,溃坝洪水已经到达下游漫滩。

这次事故发生后,地方政府进行了一次调查,以确定两个河岸在某些地方的最高水位。由于记录了三台变压器的准确关闭时间,也就知道了洪水到达的时间。此外,还建立了 1∶400 的物理模型,测量了沿山谷的最大水位和波浪传播过程[16]。

模型模拟值与实测值数据比较见图 9-44。模型模拟结果与调查和测量结果一致,但存在一些差异,这可能归因于二维模型在模拟三维流动中的局限性,一些测量不确定性的调查和实验,地形变化后实验中的事件和尺度效应,尤其是粗糙度。这些数值结果与 Delis 等[22]在大多数测量点和实验仪表上的模型模拟结果相

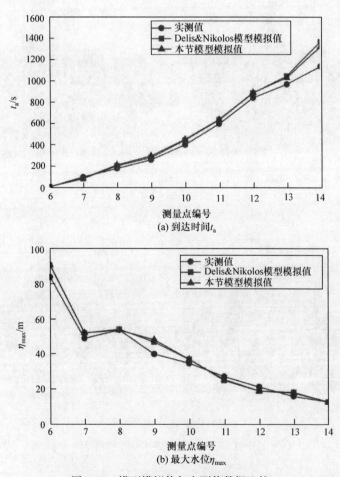

图 9-44 模型模拟值与实测值数据比较

似,但是,可以看到本节模型总体表现更好,如电力变压器的到达时间 t_a。此外,由于定向校正更简单,坡度源项处理更有效,本节模型比 Delis 等[25]的模型模拟时间快 7%。本节模型的结果也与 Brufau 等[18]和 Delis 等[22]的结果相吻合。综上所述,本节模型可以对非结构网格上不均匀床层上的湿化和干燥这类复杂流动获得可信的预测,因此适用于现场规模的应用。

本章主要对地表水文水动力过程稳健数值模型的实际应用效果进行相关介绍,分别对莫珀斯、托斯大坝、金沙江白格堰塞湖等六个实际洪水演进算例进行介绍,并将数值结果与实测或实验结果进行分析比较。结果表明,模拟结果与实际情况吻合较好,且模型运行快速高效,表明该模型可以用于实际洪水演进或洪水相关灾害事故的模拟计算,进行合理高效预测,为应急抢险工作提供有力支撑。

参 考 文 献

[1] ALCRUDO F, MULET J. Description of the Tous Dam break case study (Spain)[J]. Journal of Hydraulic Research, 2007, 45(1): 45-57.

[2] ESTRELA T. Hydraulic modelling of the Tous Dam Break[C]. Fourth Concerted Action in Dam Break Modelling Workshop, Zaragoza, Spain, 1999.

[3] SINGH J, KNAPP H V, ARNOLD J G, et al. Hydrological modeling of the Iroquois river watershed using HSPF and SWAT[J]. JAWRA Journal of the American Water Resources Association, 2005, 41(2): 343-360.

[4] 郑静, 严富海, 陈东平. 堰塞湖水文应急预报常用方法及实践[J]. 人民长江, 2013, 44(11): 27-30.

[5] 周兴波, 陈祖煜, 李守义, 等. 高风险等级堰塞湖应急处置洪水重现期标准[J]. 水利学报, 2015, 46(4): 405-413.

[6] FREAD D L. DAMBRK: The NWS dam break flood forecasting model[R]. National Oceanic and Atmospheric Administration, National Weather Service, Silver Spring, 1984.

[7] SINGH V P, SCARLATOS P D, COLLINS J G, et al. Breach erosion of earthfill dams (BEED) model[J]. Natural Hazards, 1988, 1(2): 161-180.

[8] FREAD D L. BREACH: An erosion model for earthen dam failures[R]. National Oceanic and Atmospheric Administration, National Weather Service, Silver Spring, 1988.

[9] 张大伟, 权锦, 何晓燕, 等. 堰塞坝漫顶溃决试验及相关数学模型研究[J]. 水利学报, 2012, 43(8): 979-986.

[10] 杨志, 冯民权. 溃口近区二维数值模拟与溃坝洪水演进耦合[J]. 水利水运工程学报, 2015(1): 8-19.

[11] 肖潇, 麻林, 庞爱磊. 童家湖蓄滞洪区洪水演进数值模型研究[J]. 人民长江, 2018, 49(7): 6-10.

[12] 王晓玲, 张爱丽, 陈华鸿, 等. 三维溃坝洪水在复杂淹没区域演进的数值模拟[J]. 水利学报, 2012, 43(9): 1025-1033, 1041.

[13] CHEN Z, MA L, YU S, et al. Back analysis of the draining process of the Tangjiashan barrier lake[J]. Journal of Hydraulic Engineering, 2015, 141(4): 0501401101-0501401114.

[14] 周兴波, 陈祖煜, 黄跃飞, 等. 特高坝及梯级水库群设计安全标准研究Ⅲ: 梯级土石坝连溃风险分析[J]. 水利学报, 2015, 46(7): 765-772.

[15] 李相南. 土石坝溃决冲刷与洪水演进研究[D]. 北京: 中国水利水电科学研究院.

[16] BERMÚDEZ M, NTEGEKA V, WOLFS V, et al. Development and comparison of two fast surrogate models for urban pluvial flood simulations[J]. Water Resources Management, 2018, 32: 1-15.

[17] GOUTAL N. The Malpasset dam failure—An overview and test case definition[C]. Proceeding of the 4th CADAM Meeting, Zaragoza, Spain, 1999.

[18] BRUFAU P, GARCÍA-NAVARRO P, VÁZQUEZ-CENDÓN M E. Zero mass error using unsteady wetting-drying conditions in shallow flows over dry irregular topography[J]. International Journal for Numerical Methods in Fluids, 2004, 45(10): 1047-1082.

[19] YOON T H, ASCE F, KANG S K. Finite volume model for two-dimensional shallow water flows on unstructured grids[J]. Journal of Hydraulic Engineering, 2004, 130(7): 678-688.

[20] HOU J, LIANG Q, SIMONS F, et al. A 2D well-balanced shallow flow model for unstructured grids with novel slope source term treatment[J]. Advances in Water Resources, 2013, 52(2): 107-131.

[21] CHUNSHUI Y U, DUAN J. Two-dimensional depth-averaged finite volume model for unsteady turbulent flow[J]. Journal of Hydraulic Research, 2012, 50(6): 599-611.

[22] DELIS A I, NIKOLOS I K, KAZOLEA M. Performance and comparison of cell-centered and node-centered unstructured finite volume discretizations for shallow water free surface flows[J]. Archives of Computational Methods in Engineering, 2011, 18(1): 57-118.

[23] GEORGE D L. Adaptive finite volume methods with well-balanced Riemann solvers for modeling floods in rugged terrain: Application to the Malpasset dam-break flood(France, 1959) [J]. International Journal for Numerical Methods in Fluids, 2010, 66: 10-18.

[24] SAMPSON J. A 2D shallow flow model for practical dam-break simulation[J]. Journal of Hydraulic Research, 2012, 50(5): 544-545.

[25] DELIS A I, NIKOLOS I K. A novel multidimensional solution reconstruction and edge-based limiting procedure for unstructured cell - centered finite volumes with application to shallow water dynamics[J]. International Journal for Numerical Methods in Fluids, 2013, 71(5): 584-633.

第 10 章 流域雨洪过程模拟

流域雨洪过程包括完整的水文过程，对其精确模拟计算存在诸多难点，如自然流域下垫面复杂地表可能存在着各种复杂的流态；不同模拟历时下，下渗及蒸腾蒸发等水量损失重要过程的准确计算；城市区域复杂地形的稳健精细模拟较困难等问题。上述问题对模型的稳定性、效率和精度都提出了极高要求，有效地应对和处理这些问题是模型能否成功应用于雨洪过程高分辨模拟的关键。

本章采用理想 V 型流域、实验流域、王茂沟流域、赫尔莫萨(Heumoser)流域等算例模拟雨洪过程。各算例的流域尺度、模拟时长不一，包括理想流域及实际流域，既有简单流态，又有复杂流态，同时这些算例都包括数值解析解、流域出口流量过程和下渗过程实测数据，可以对计算模型产流过程、处理复杂流态水流、评价稳定性、处理城市区域密集建筑物和实际地形等方面的能力进行检验。通过将模型计算结果与理论值、实验值、观测值及其他模型计算值进行对比，对模型精度进行验证，并选用纳什效率系数(Nash-Sutcliffe efficiency coefficient，NSE)评价模型模拟精度，如式(10-1)所示。这四个算例将分别应用 GPU(NVIDIA GeForce GTX 1080)和 CPU[Intel(R) Core (TM) i7-4790K]进行计算并记录计算时长，分析计算效率。

$$\mathrm{NSE} = 1 - \frac{\sum_{t=1}^{T}(Q_{\mathrm{m}}^{t} - Q_{\mathrm{o}}^{t})^{2}}{\sum_{t=1}^{T}(Q_{\mathrm{o}}^{t} - \overline{Q_{\mathrm{o}}})^{2}} \tag{10-1}$$

式中，$\overline{Q_{\mathrm{o}}}$ 为观测数据平均值；Q_{m}^{t} 为 t 时刻模拟值；Q_{o}^{t} 为 t 时刻观测值；T 为时间序列值的总个数。NSE 越接近 1，说明模型模拟准确，一般 NSE > 0.5 时，认为模型表现良好，可信度较高。

10.1 理想 V 型流域雨洪过程模拟

1) 研究区概况

算例采用 Overton 等[1]提出的经典理想 V 型流域，其几何构成示意图如图 10-1 所示。流域中部有两个对称的边坡和一条河道。流域坡度为 0.05，河道坡度为 0.02。河道宽度为 20m，深度为 20m。在这种情况下，足以避免回水对河谷侧的影响。分别在坡面及渠道出口处选取断面,通过对比流量过程解析解及模型模拟结果来检验模型精度。

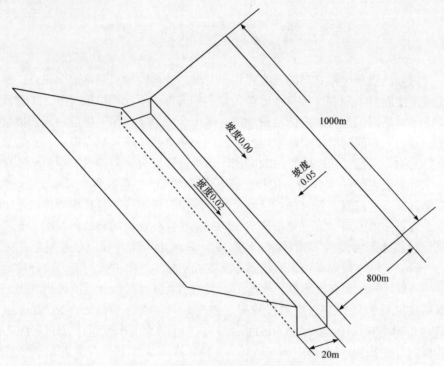

图 10-1 理想 V 型流域几何构成示意图

2) 模型设置

选取持续 1.5h、10.8mm/h 恒定强度的降水事件。模拟中使用的所有参数来自参考文献[2]和[3]。坡面曼宁系数取值为 0.015,河道曼宁系数取值为 0.15,模拟时长为 7000s(沟道解析解时长为 5800s)。计算区域被划分为分辨率 5m 的均匀矩形网格,网格数为 72000。对于边界条件,除出口外,所有边界均为闭边界。

此算例应用 MIKE-SHE 模型(2014 版)进行计算,将结果及计算效率进行对比。MIKE-SHE 为地下水、地表水综合性的规划管理软件工具,通过蒸腾蒸发、明渠流(河流湖泊)、地表漫流、地下水非饱和带流动及地下水饱和带流动五个子模块描述雨洪过程。由于本算例中没有蒸腾蒸发和下渗过程,MIKE-SHE 建模只涉及地表漫流模型。MIKE-SHE 中坡面流动的模拟是基于有限差分法求解圣维南方程,其中动量方程为简化的近似扩散波。MIKE-SHE 建模过程中,所有参数与文献[4]和[5]中取值相同,计算时间步长与本书的水文水动力模型相近,结果输出频率也相同($30s^{-1}$)。

3) 模拟结果分析

理想 V 型流域沟道及坡面模拟值与文献[6]的解析解对比如图 10-2 所示。两模型模拟所得流量达到峰值时间与解析解相比均有些延后，而 MIKE-SHE 模拟值延后更为严重。对于坡面流量，本书水文水动力模型的 NSE 为 0.99，MIKE-SHE 的 NSE 为 0.93；对于沟道流量过程，本书模型的 NSE 为 0.98，MIKE-SHE 的 NSE 为 0.90。可见本书模型准确性更高，能够更好地重现流域雨洪过程。将

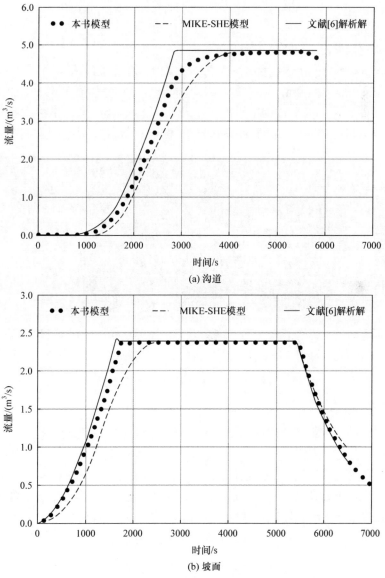

图 10-2 理想 V 型流域沟道及坡面模拟值与文献[6]的解析解对比

两模型的计算效率进行对比(未考虑 GPU 与 CPU 信息交互)：本书模型应用 GPU 和 CPU 的计算时间分别为 38s 和 124s；MIKE-SHE 模型并没有 GPU 加速算法，应用 CPU 的计算时间为 1150s。本书模型应用 GPU 的计算效率是 CPU 计算效率的 3.26 倍，模型计算效率(GPU)是 MIKE-SHE 模型的 30.26 倍，可见本书提出的水文水动力模型极大降低了计算成本。

10.2 实验流域雨洪过程模拟

1) 研究区概况

本小节算例为一个人工降水-径流模拟实验，在文献[1]和[4]中有详细描述。模拟小区长 10m，宽 4m，坡度为 0.01，沙质土。降水-径流实验下垫面 DEM 数据如图 10-3 所示。实验过程中不仅记录了出口处的流量过程，下渗过程数据也被保留，在验证模型的同时也可对模型耦合的 Green-Ampt 模型进行验证。

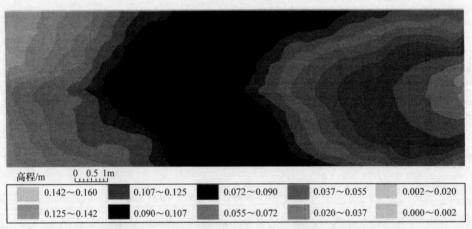

图 10-3 降水-径流实验下垫面 DEM 数据(见彩图)

2) 模型设置

降水事件为一场持续时间为 5100s 的非均匀降水，模拟时长也为 5100s，模拟区域被划分为分辨率 0.1m 的均匀矩形网格，网格数为 4141。该算例模拟时长较短，忽略蒸腾蒸发模块，且无植被截留过程，下渗模型所用参数参考文献[5]，并根据观测流量做细微调整。Green-Ampt 模型的土壤饱和导水率 $K_s=0.0005$cm/s，湿润锋深度 L_s=3cm。对于边界条件，除出口外，所有边界均为闭边界。摩阻项应用文献[6]中水深-摩阻公式，谢才系数计算式为

$$C = d^{1/6} N_0^{-1} \left(\frac{d}{d_0}\right)^{\varepsilon} \tag{10-2}$$

式中，C 为谢才系数；N_0 为面最小曼宁系数；d_0 为平均水深，m；d 为网格水深，m；ε 为与土地利用有关的调节系数。根据文献[3]，在本模拟算例中，各参数取值为 $n_0=0.014$，$d_0=0.0045\mathrm{m}$，$\varepsilon=0.1$。

3) 模拟结果分析

模拟与实测下渗数据对比如图 10-4 所示，模拟与实测出口流量数据对比如图 10-5 所示。从图 10-4 可看出，Green-Ampt 模型模拟值与实测值趋势大致相同，前期误差可能是 Green-Ampt 模型在土壤下渗机理上的简化假设导致，后期误

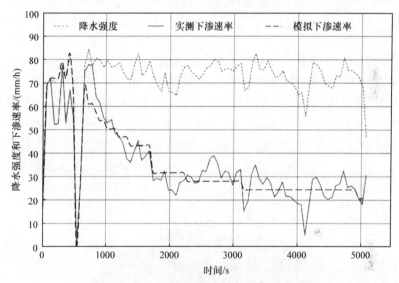

图 10-4 模拟与实测下渗数据对比

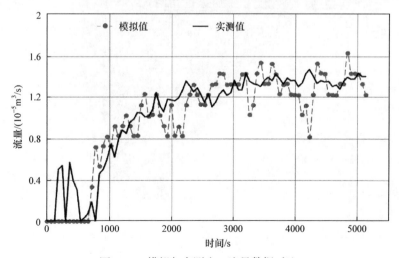

图 10-5 模拟与实测出口流量数据对比

差是模型输入数据中的单位 mm/h，在换算为 mm/s 过程中会失去部分数据精度，导致后期下渗数据无振荡。从图 10-5 可看出，流量过程存在前期误差，仍为 Green-Ampt 模型在土壤下渗机理上的简化假设所致，但后期拟合较好，NSE 可达 0.89。总之，模型模拟值与实测值接近，模拟结果良好，模型准确度较高，完全可应用于流域雨洪过程计算。对于计算效率，CPU 计算时间为 506s，GPU 计算时间为 70s，GPU 计算效率可达 CPU 计算效率的 7.2 倍。

10.3 王茂沟流域雨洪过程模拟

1) 研究区概况

王茂沟流域位于陕西省榆林市绥德县，面积 5.9km^2，为季风性气候，7~9 月降水量可占全年降水量的 60%以上，地形高差可达 200m。王茂沟流域下垫面数据如图 10-6 所示。通过辐射及几何校正后的 Landset 卫星数据得到 2010 年研究区域土地利用类型分布图(1∶100000)，对其数字化得到土地利用类型数据，并重新划分为 8 种土地利用类型，分别为水体、果园、森林、草地、交通道路、农村土地、裸地、梯田。研究区域被划分为分辨率 2m 的矩形网格，网格数达 990 万。

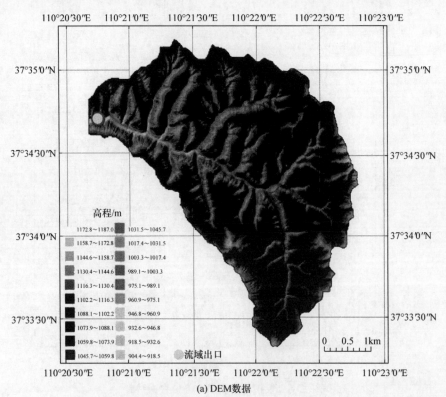

(a) DEM 数据

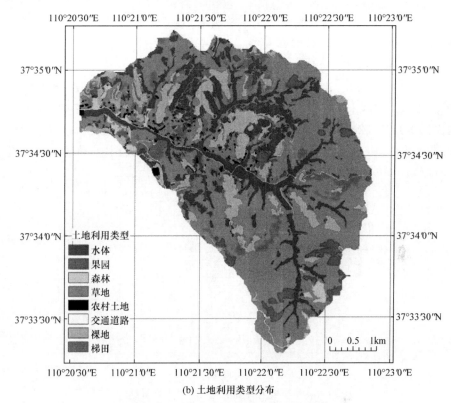

(b) 土地利用类型分布

图 10-6　王茂沟流域下垫面数据(见彩图)

2) 模型设置

降水数据为位于王茂沟流域出口处的王茂沟水文站提供的观测数据，降水过程如图 10-7 所示。降水时间为 2012 年 7 月 15 日 0:25～2012 年 7 月 15 日 5:25，重

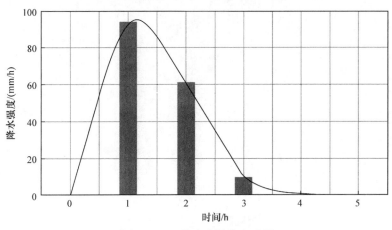

图 10-7　王茂沟流域降水过程

现期约为 100 年，流量实测数据也由王茂沟水文站提供。不同土地利用类型的曼宁系数以文献[7]为基础进行调整，Green-Ampt 模型参数来自文献[8]。

3) 模拟结果分析

模拟时长为 10h，由于降水强度较大、模拟时长较短，不考虑蒸腾蒸发及植被截留过程，流域出口流量模拟值与实测值对比见图 10-8，流域峰值时刻淹没面积见图 10-9，流域出口洪水演进过程见图 10-10。由图 10-8 可见，模拟值与实测值数据趋势一致，但模拟值峰值滞后 0.5h，流量消退过程稍快，可能是基于遥感

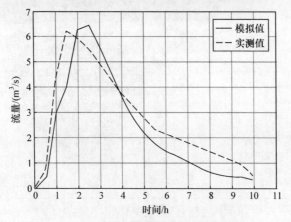

图 10-8 流域出口流量模拟值与实测值对比

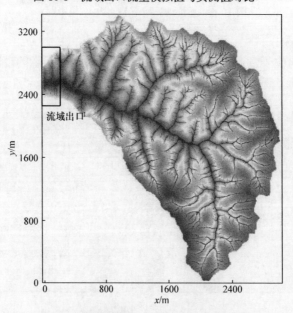

图 10-9 流域峰值时刻淹没面积(深色区域)

数据解译土地利用类型时的误差导致,但总体结果良好,NSE 达 0.78,满足模型精度要求。对于分辨率为 2m 的地形数据,由于储存空间等问题,CPU 无法胜任此模拟任务。对于分辨率为 5m 的输入数据,CPU 计算时间为 12900s,GPU 计算时间为 2892s,GPU 计算效率为 CPU 计算效率的 4.5 倍。

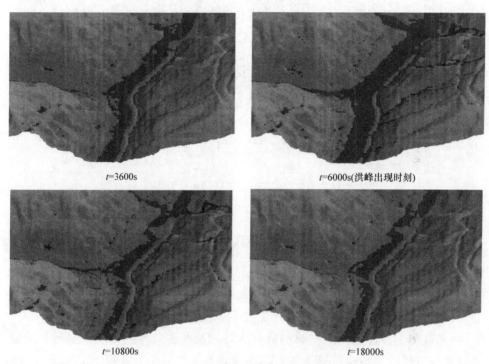

图 10-10　流域出口洪水演进过程

10.4　赫尔莫萨流域雨洪过程模拟

1) 研究区概况

赫尔莫萨流域位于奥地利阿尔卑斯山脉,多伯恩市东南 10 公里处[9-10]。此算例选取一个面积为 100000m^2 的子流域为研究区域,如图 10-11 所示。DEM 数据分辨率为 1m,降水事件选取 2008 年 7 月一场历时约为 68h 的连续降水。

2) 模型设置

研究区域划分为分辨率 1m 的矩形网格,网格数为 117968,应用 Green-Ampt 模型模拟下渗过程,考虑蒸腾蒸发,未考虑植被截留。根据文献[3],曼宁系数为 0.067,应用线性水库法计算入流数据,计算式为

图 10-11　赫尔莫萨流域研究区域示意图(见彩图)

彩图中红色虚线为研究区边界

$$\begin{cases} \dfrac{dS(t)}{dt} = I(t) - Q(t) \\ S(t) = KQ(t) \end{cases} \tag{10-3}$$

式中，$S(t)$ 为 t 时刻水库储存量，m^3；$I(t)$、$Q(t)$ 分别为 t 时刻水库入流量及出流量，m^3/s；K 为平均停留时间，参考文献[1]中的取值，本算例取值为 6h。

经式(10-3)计算得到入流数据后，在降水及入流发生的情况下进行数值模拟，模拟时长达 120h。下渗及蒸腾蒸发参数参考文献[1]。此算例也应用 MIKE (2014 版)软件进行模拟计算，由于算例中既有降水过程又有入流过程，MIKE 建模过程中耦合了 MIKE11 及 MIKE-SHE，分别计算明渠流及坡面漫流。此次建成的 MIKE 模型包括蒸腾蒸发模块、明渠流模块、地表漫流模块及非饱和地下水模块，其中蒸腾蒸发模块应用 Rutter 方法，下渗过程参照 MIKE 应用手册，应用非饱和地下水模块中的重力流来表征 Green-Ampt 模型下渗过程，并使用相同参数。

3) 模拟结果分析

MIKE 模型与本书提出的水文水动力模型模拟下渗过程对比见图 10-12，本书模型模拟流量与实测流量对比如图 10-13 所示。经计算，本书提出的水文水动力模型的 NSE 为 0.83，MIKE 模型的 NSE 为 0.80，水文水动力模型模拟结果稍好。对于下渗过程峰值时刻，水文水动力模型误差为 8.02%，而 MIKE 模型的误差为 10.83%，模拟初期误差较大可能仍是 Green-Ampt 模型在土壤下渗机理上的简化假设及入流过程计算误差所致。对于分辨率为 1m 的 DEM 数据，本书模型

CPU 计算耗时为 120836s，GPU 计算耗时为 28768s，GPU 计算效率为 CPU 计算效率的 4.2 倍。赫尔莫萨流域 MIKE 模型建模过程中，一维河道面积占比达 35%，MIKE 模型的计算效率高于本书模型。不考虑入流，即只考虑流域各区域的坡面流时，不同分辨率 DEM 数据下的模型计算效率对比如表 10-1 所示，可见本书提出的模型计算效率为 MIKE 模型计算效率的 3～220 倍，且网格精度越高计算效率提升越明显。

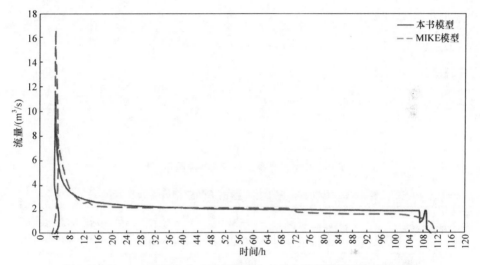

图 10-12 MIKE 模型与本书提出的水文水动力模型模拟下渗过程对比

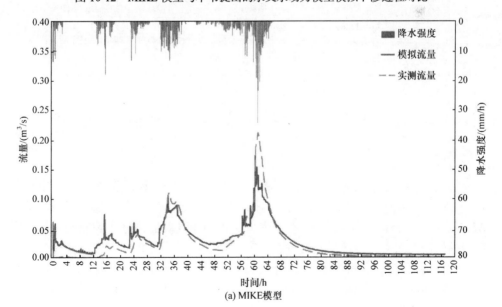

(a) MIKE模型

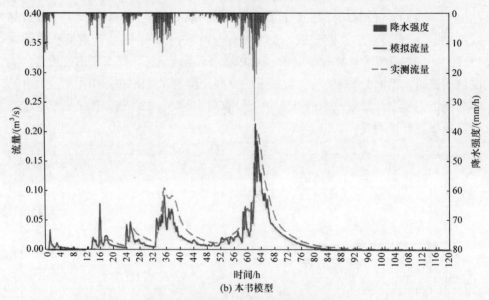

图 10-13 模型模拟流量与实测流量对比

表 10-1 不同分辨率 DEM 数据下的模型计算效率对比

网格分辨率/m	网格数	计算耗时/s		MIKE模拟计算耗时：本书模型计算耗时
		MIKE 模型	本书模型	
1	117968	1814400	8367	216.85
2	29492	64260	1199	53.59
3	13260	11746	479	24.52
4	7446	4320	355	12.17
5	4680	1107	281	3.94

10.5 宝盖寺流域雨洪过程模拟

1) 研究区概况

宝盖寺流域位于湖南省浏阳市，占地面积约 56km^2，地形复杂。宝盖河河道长约 20km，下游修建水库及拦河坝，两岸陡峭，植被茂密。该流域地处亚热带湿润气候区，夏季湿热多雨，冬寒干燥，多年平均降水量约为 1569mm。流域内有宝盖河清水水文站，该站观测资料系列长且项目齐全，具有较大的参考价值。图 10-14 为研究区域 DEM 数据。在该算例中模拟了河道不同断面流量及水位随时间变化情况，并对水文站提供的河道水位数据实测值与模型的模拟值进行了对比，以验证模型精度。

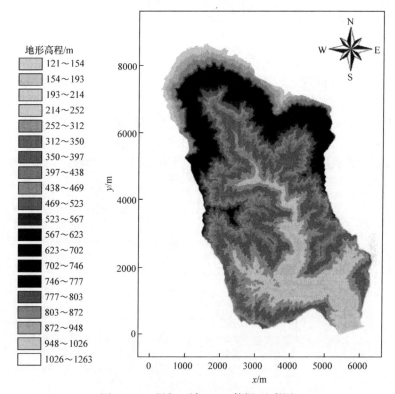

图 10-14 研究区域 DEM 数据(见彩图)

2) 模型设置

模型的输入资料为降水、地形及土地利用类型数据资料。降水数据采用清水水文站 2012 年 5 月 9 日 5 时~21 时，时间为 16h 的降水监测数据，实测降水过程见图 10-15。采用 10m 分辨率的地形数据，共计 56 万个方形网格单元。下游边界采用自由出流的开边界，其余边界定义为闭边界。根据相关文献[11]和[12]，河

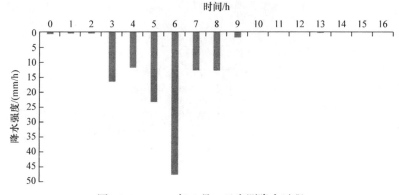

图 10-15 2012 年 5 月 9 日实测降水过程

道曼宁系数取 0.02，下渗量为 20mm/h；其他区域曼宁系数取 0.2，下渗量 6mm/h，计算过程中 CFL 值设定为 0.5。

3) 模拟结果分析

本次模拟采用 PC 搭载 NVDIA GeForce GTX 1080 显卡，耗时 51min 完成了实际 16h 的降水径流过程，可见 GPU 并行运算技术加速效果显著。由图 10-16 可看出，模拟水位线与实测水位线吻合度较高，计算得 RMSE 为 0.075，小于模拟值标准偏差 0.103 的一半。由此表明，对于面积较大且地形复杂的实际流域，该模型可有效保证计算精度及计算效率。该算例在河道选取了两个断面，如图 10-17 所

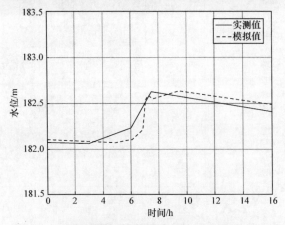

图 10-16 宝盖寺流域河道水位实测值及模拟值对比

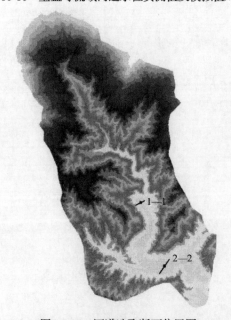

图 10-17 河道选取断面位置图

示,对断面流量及水位随时间变化过程进行了模拟计算,河道不同断面水位及流量模拟结果如图 10-18 所示。同时,为显示水文水动力模型的优势,展示了部分模拟区域内 6~9h 的河道洪水淹没过程图,如图 10-19 所示,由图可看出洪水淹没范围逐渐扩大并逐渐消退的过程。由实测降水量数据可知,降水在 6h 时达到峰值并逐渐减小,而河道淹没范围在 7h 时达到最大并逐渐减小,这是流域形状、坡度、植被盖度等因素的影响导致雨水补给河流水具有一定滞后性,使河道淹没范围的上升过程略迟于降水量的增长过程。

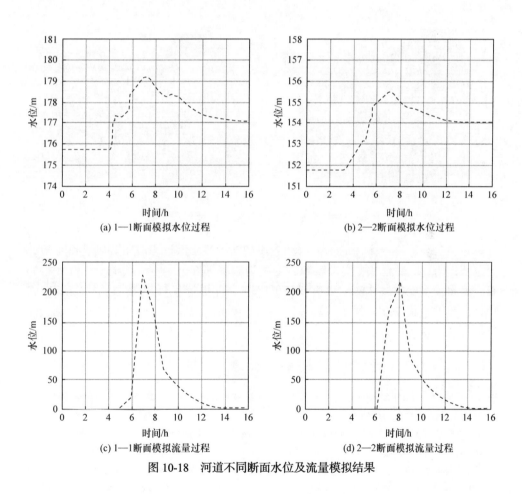

图 10-18 河道不同断面水位及流量模拟结果

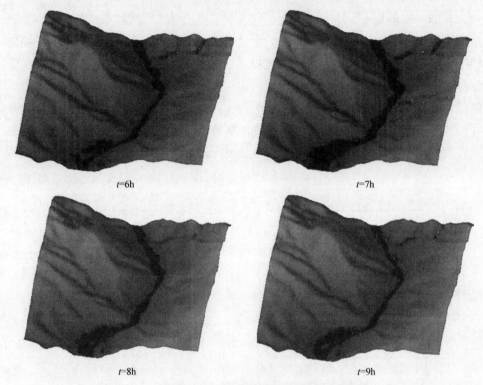

图 10-19 河道洪水淹没过程图

本章主要对本书提出的水文水动力模型的流域雨洪过程应用效果进行分析，分别对理想 V 型流域、实验流域、王茂沟流域等五个实际流域雨洪算例进行介绍，并将模拟结果与实测结果进行分析比较。结果表明，模拟结果与实际情况相吻合，且本书模型运行快速、高效，表明该模型可以用于实际流域雨洪的高精度模拟计算且可进行合理高效的预测，为决策部门提供有价值的参考信息。

参 考 文 献

[1] OVERTON D E, BRAKENSIEK D L. A kinematic model of surface runoff response[C]. Proceedings of the Wellington Symposium, Unesco/IAHS, Paris, 1970.

[2] CHUNSHUI Y U, DUAN J. Two-dimensional depth-averaged finite volume model for unsteady turbulent flow[J]. Journal of Hydraulic Research, 2012, 50(6): 599-611.

[3] GEORGE D L. Adaptive finite volume methods with well-balanced Riemann solvers for modeling floods in rugged terrain: Application to the Malpasset dam-break flood[J]. International Journal for Numerical Methods in Fluids, 2010, 66: 1000-1018.

[4] GIAMMARCO P D, TODINI E, LAMBERTI P. A conservative finite elements approach to overland flow: The control volume finite element formulation[J]. Hydrology, 1996, 175: 267-291.

[5] SIMONS F, BUSSE T, HOU J, et al. A model for overland flow and associated processes within the Hydroinformatics

Modelling System[J]. Journal of Hydroinformatics, 2014, 16(2): 375-391.

[6] DELIS A I, NIKOLOS I K. A novel multidimensional solution reconstruction and edge-based limiting procedure for unstructured cell‐centered finite volumes with application to shallow water dynamics[J]. International Journal for Numerical Methods in Fluids, 2013, 71(5): 584-633.

[7] JAIN M K, KOTHYARI U C, RAJU K G R. A GIS based distributed rainfall-runoff model[J]. Journal of Hydrology, 2004, 299(1-2): 107-135.

[8] TATARD L, PLANCHON O, WAINWRIGHT J, et al. Measurement and modelling of high-resolution flow-velocity data under simulated rainfall on a low-slope sandy soil[J]. Journal of Hydrology, 2008, 348(1-2): 1-12.

[9] BENKHALDOUN F, ELMAHI I, SEAID M. Well-balanced finite volume schemes for pollutant transport by shallow water equations on unstructured meshes[J]. Journal of Computational Physics, 2007, 226(1): 46-61.

[10] MÜGLER C, PLANCHON O, PATIN J, et al. Comparison of roughness models to simulate overland flow and tracer transport experiments under simulated rainfall at plot scale[J]. Journal of Hydrology, 2011, 402(1-2): 25-40.

[11] GÓMEZ M, MACCHIONE F, RUSSO B. Methodologies to study the surface hydraulic behaviour of urban catchments during storm events[J]. Water Science & Technology, 2011, 63(11): 2666-2673.

[12] LIANG Q, XIA X, HOU J. Efficient urban flood simulation using a GPU-accelerated SPH model[J]. Environmental Earth Sciences, 2015, 74(11): 7285-7294.

第 11 章　城市内涝过程模拟

近年来，气候变化和极端天气等因素造成降水频次与降水强度增加，同时随着城市化进程加快，城市内涝灾害频发。例如，2012 年北京市遭遇"7·21"特大暴雨内涝[1]；2016 年，武汉市、太原市、西安市等 192 个城市遭遇严重内涝等事件[2]。严重的城市内涝已经威胁到人们生命安全，给生活带来极大的不便，成为亟须解决的城市顽疾。通过稳定、高效、高精度的水文水动力模型对城市内涝过程进行准确模拟，可探索内涝形成机理并进行预警预报。但城市下垫面情况复杂，城市建筑物、狭窄道路及下穿通道等微地形对水流通道影响较大，并可能产生复杂流态；城市产汇流过程多为以薄层水流形态进行的地表漫流过程，其运动规律及水力特性颇为复杂；同时，城市河流和地下管网分布复杂且资料不易获取。上述问题对模型稳定性和精度都提出了较高要求，对城市内涝过程精确模拟提出巨大挑战，能否应对以上挑战是模型成功应用于内涝过程精确模拟的关键。

本章采用陕西省西咸新区沣西新城和宁夏回族自治区固原市两个国家海绵城市建设试点城市为研究区，对其内涝过程进行模拟。两个研究区算例尺度、下垫面条件和模拟时长不一，包括了整个城市尺度、分区尺度和小区尺度。同时，对两个城市不同土地利用类型进行现场下渗实验并实际监测了内涝积水过程，实测资料较充分，可对模型产流过程计算、处理复杂流态水流、稳定性，以及处理城市区域密集建筑物、实际地形和管网排水等方面的能力进行检验。通过将本书提出的水文水动力模型计算结果与实测值和实测点位进行对比，对模型的精度进行验证。

11.1　陕西省西咸新区沣西新城内涝模拟

11.1.1　地表水文水动力模型实例分析

1) 研究区概况

研究区域为陕西省西咸新区一块面积约为 3.18km^2 的核心地块，如图 11-1 所示。西咸新区属半温带半湿润大陆性季风气候区，夏季炎热多雨，年均降水量 520mm，全年降水量多集中于夏季，导致内涝多发。研究区域下垫面情况复杂，内涝灾害频发，选择该区域研究模型对城市内涝过程的模拟性能具有一定的代表性。

图 11-1　研究区域区位图

2) 基础数据

模型输入资料分为降水过程、地形数据、下渗资料及土地利用类型四部分。模型输入的降水条件为 2016 年 8 月 25 日西咸新区云谷 10 号楼气象站实测降水数据，降水重现期为 50 年一遇。降水历时 7h，累积降水量 66mm，双峰雨型，降水强度峰值出现于 3.1h，实测降水过程如图 11-2 所示，图中降水量统计间隔为 10min。

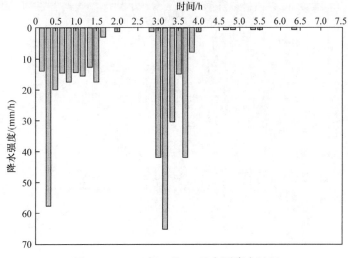

图 11-2　2016 年 8 月 25 日实测降水过程

因地表形态对汇流过程影响显著,需要输入高精度地形数据来尽可能地表征真实地形。网格分辨率为 2m 的 DOM 数据与 DEM 数据由无人机航测技术实地测算获得,共计 79 万方形网格单元,如图 11-3 和图 11-4 所示。

图 11-3 研究区域 DOM 数据

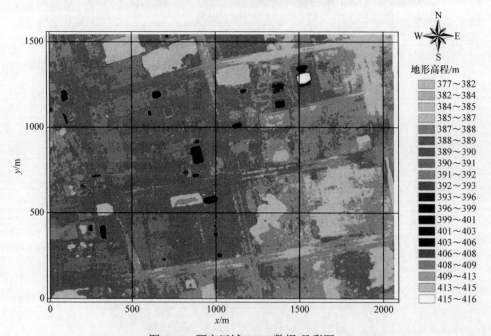

图 11-4 研究区域 DEM 数据(见彩图)

根据研究区域 DOM 数据，采用最大似然分类法将方形网格单元分为道路、民居用地、草地、林地、裸地五种不同的土地利用类型，如图 11-5 所示。其中，道路占地面积 $0.64km^2$，居民楼宇占地面积 $0.28km^2$，草地占地面积 $0.98km^2$，林地占地面积 $0.64km^2$，裸地占地面积 $0.64km^2$。每种土地利用类型的曼宁系数选取参照城市排涝标准及文献[3-4]确定。根据陕西省西咸新区海绵技术中心提供的地勘报告，研究区地层由耕土、第四纪全新世冲洪积黄土状土、冲积砂类土组成，且各层土样湿陷系数均小于 0.015，故确定研究区下垫面土壤属于非湿陷性黄土。基于土壤性质，选取 Green-Ampt 模型描述不同类型下垫面的下渗过程，根据相关文献及经验值确定具体的下渗参数[5-6]。各土地利用类型的稳定下渗率按土壤类型确定，并考虑植被的影响。不同土地利用类型的下渗率及曼宁系数取值如表 11-1 所示。

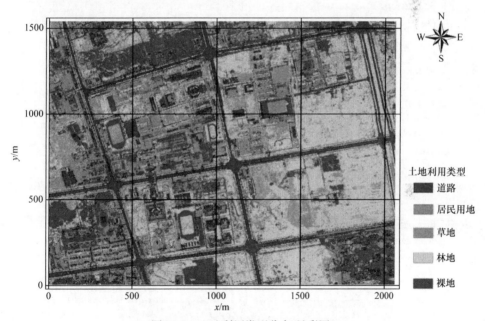

图 11-5 土地利用类型分布(见彩图)

表 11-1 不同土地利用类型的下渗率及曼宁系数取值

参数	土地利用类型(面积占比)				
	道路(20%)	居民用地(9%)	草地(31%)	林地(20%)	裸地(20%)
下渗率/(cm/s)	0	0.11	0.5	0.6	0.3
曼宁系数	0.014	0.015	0.06	0.2	0.03

在确定下渗损失时，考虑到地下管网排水量的影响，研究区排水管渠设计重

现期为 1 年一遇。根据排水管道布设方案，设计时采用的西安暴雨强度公式为

$$q = \frac{1239.91(1+1.9711\lg P)}{(t+7.4246)^{0.8124}} \quad (11\text{-}1)$$

式中，q 为暴雨强度，$L/(s \cdot hm^2)$；P 为重现期，a；t 为降水历时，s。

由式(11-1)计算可得，管网排水可以应对峰值为 11.49mm/h 的降水强度。将管网排水效果量化，按照等量原则，假设排水过程为下渗过程，并按照影像图累加至管网实际布设区域。

模型计算采用开放边界，四周无入流。CFL 值设定为 0.5，模拟降水开始至 8h 后的积水过程。模拟采用微型计算机，搭载 NVDIA GeForce GTX 1080 显卡，单精度浮点(32bit)运算能力为 9TFlops/s。

3) 模拟结果

由图 11-6 可知，降水开始时降水强度增长迅速，初始干燥的土壤很快饱和，降水形成径流的时间较短，由图 11-6(a)可以确定 0.5h 时，地表已经形成径流，且流量不断增加。3.5h 时已经形成积水深度超过 15cm、面积大于 500m² 的

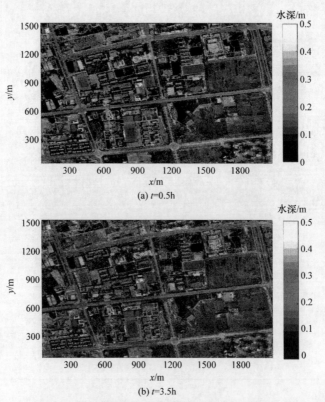

图 11-6 不同降水历时下的水深过程图(见彩图)

内涝积水[图 11-6(b)]。同时，取降水开始后 4h 为研究地表汇水过程的特征时刻，该时刻土壤含水已经饱和，产流量及地表径流量达到最大。

开始降水后 4h 时，内涝积水水深达到峰值，此时主要有六处内涝点，分布位置如图 11-7 中所示。图 11-7 中 A、B、C 三点为实际调研中内涝最为严重的三处位置。积水水深峰值与降水量峰值存在 2h 的滞后时间，径流随降水量的模拟变化趋势与实际一致。内涝积水对城市街道的影响较为严重，主要表现为交通瘫痪，甚至可能破坏电力通信等方面的基础设施，对学校、居民区内部也有一定程度的影响。而裸地和林地的成涝风险较低，因此在应对暴雨时，可以考虑将林地作为缓冲地带，通过人工抽排等方式将道路积水排入林地，以缓解内涝带来的影响。

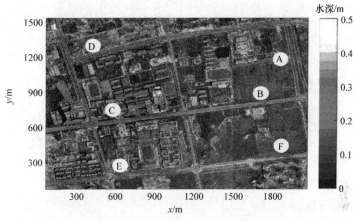

图 11-7 内涝峰值时刻内涝点分布(t=4h)

由表 11-2、图 11-8 和图 11-9 可以看出，模拟内涝发生的位置与实际发生的位置吻合，各点积水程度与实测数据相近。其中，内涝积水面积平均相对误差为 3.44%，内涝积水深平均相对误差为 16.49%。对比结果表明，模拟的城市内涝积水过程与实际监测过程相符，模拟效果较好。模拟时假设排水管网为等效的静态排水量，没有考虑到管渠的实际荷载能力及汇流过程，导致模拟结果与实测数据之间尚存在偏差，通过对管网排水模拟的进一步完善，在未来的工作中将构建精度更高的模型，提供更为可靠的城市雨洪模拟结果。

表 11-2 模拟内涝积水程度与实测情况对比(t=4h)

内涝位置	内涝积水面积/m²		内涝积水水深/cm	
	模拟	实测	模拟	实测
A 点 白马河路北段	1621.51	>1600	55	>50
B 点 统一路东段	464.21	>480	35	>30

续表

内涝位置	内涝积水面积/m²		内涝积水水深/cm	
	模拟	实测	模拟	实测
C点 统一路西段	1566.12	>1600	40	>40
D点 永平路西入口	916.94	>1000	50	>25
E点 同德路南段	1734.08	—	52	—
F点 康定路东段	770.11	>800	33	>30

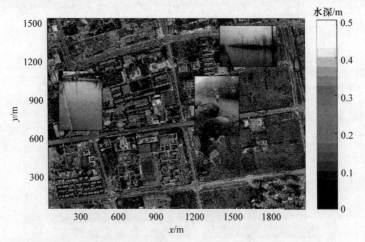

图 11-8　内涝积水模拟结果与实测数据对比(t=4h)(见彩图)

11.1.2　管网排水水动力模型实例分析

1) 研究区概况

研究区域为陕西省西咸新区沣西新城天福和园小区,该小区位于沣西新城天府路以南,兴信路以西,咸户路以东,天雄西路以北。研究区内布设有透水铺装和雨水花园两种低影响开发措施,并安装有流量计,设置微型气象站,监测数据完善。研究区域区位图如图 11-10 所示。

2) 基础数据

模拟选用 2017 年 9 月 9 日和 9 月 16 日共两场实测降水对 SWMM 模型进行参数率定,并选用 2017 年 8 月 20 日,2018 年 7 月 31 日、8 月 7 日和 9 月 15 日四场实测降水对本书提出的水文水动力模型与 SWMM 模型的模拟精度进行对比。

管网资料来源于西咸新区沣西新城管理委员会,降水数据采用天福和园内微型气象站的实测降水数据,流量数据采用流量计的实测数据。通过无人机机载激

图 11-9 内涝积水模拟结果与实测照片对比
A 点、B 点、C 点模拟结果图中白色区域为积水区域

光雷达航测获取地形资料，分辨率为 1m，研究区域管网布置及 DEM 数据分别见图 11-11 和图 11-12。

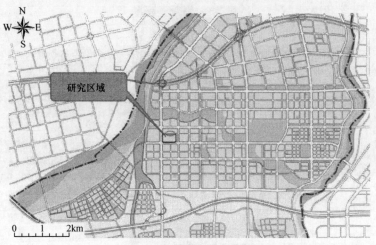

图 11-10 研究区域区位图

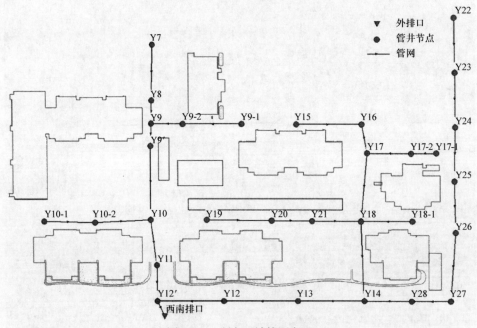

图 11-11 研究区域管网布置

3) SWMM 模型构建

研究区面积为 $36700m^2$，西南排放口安装有流量计，故建立西南排放口所连接的管网及管网服务的汇水分区模型。模型首先将研究区域划分成若干个子汇水分区，对管网进行概化；其次，根据实际地形选择合适的流向，经产汇流过程及管网排水过程；最后，在出口处进行监测。根据管网布置、低影响开发措施布置

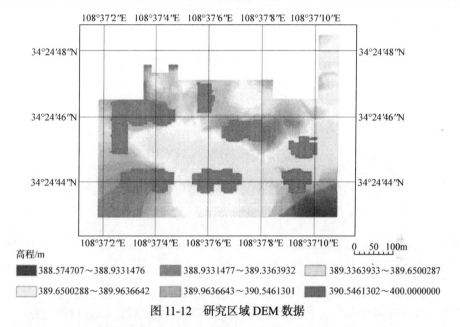

图 11-12 研究区域 DEM 数据

及实际地形构建 SWMM 模型。模型共有 71 个子汇水分区，31 个节点，31 段排水管道，1 个管网外排口。

本小节采用 2017 年 9 月 9 日和 9 月 16 日两场实测降水径流数据对 SWMM 模型参数进行率定，排口流量模拟值与实测值对比见图 11-13。

在 2017 年 9 月 9 日和 9 月 16 日实测降水下，SWMM 模型模拟结果的 NSE 分别为 0.84 与 0.76，表现出良好的适用性。

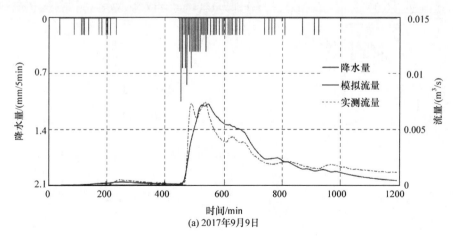

(a) 2017年9月9日

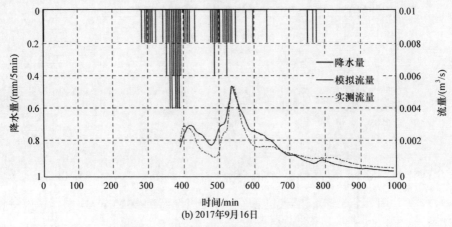

(b) 2017年9月16日

图 11-13 排口流量模拟值与实测值对比

4) 模拟结果对比与分析

应用两种模型模拟西咸新区沣西新城天福和园排水管网排水过程。在实测降水条件下，两种模型模拟的外排口流量模拟值和实测值对比如图11-14所示。

四场实测降水下，本书构建的水文水动力模型模拟流量与实测流量相比NSE 分别为 0.74、0.72、0.93 与 0.71，大于 SWMM 模型的 0.62、0.66、0.73 与 0.65。可见，本书模型可有效模拟市政管网排水过程。

由表 11-3 可以看出，四场实测降水的排口流量峰值分别为 $0.01398m^3/s$、$0.03743m^3/s$、$0.01180m^3/s$ 与 $0.00371m^3/s$，峰现时间分别为 0.97h、0.77h、0.72h 与 1.35h。本书模型模拟流量峰值分别为 $0.01400m^3/s$、$0.03850m^3/s$、$0.01191m^3/s$、$0.00371m^3/s$，相对误差分别为 0.14%、2.86%、0.93%、4.51%，峰现

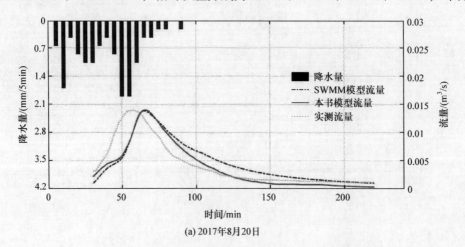

(a) 2017年8月20日

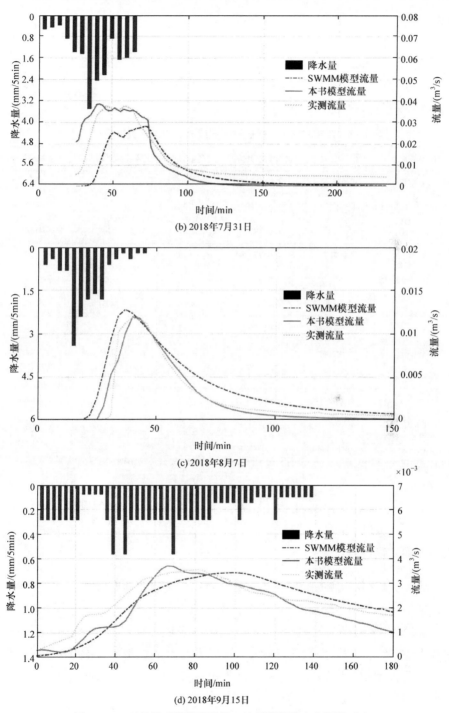

图 11-14 两种模型模拟的外排口流量模拟值和实测值对比

时间分别为 1.03h、0.70h、0.72h 与 1.10h，相对误差分别为 6.19%、9.09%、0.00%、18.52%。SWMM 模型模拟流量峰值分别为 0.01387m³/s、0.02833m³/s、0.01277m³/s、0.00343m³/s，相对误差分别为 0.79%、24.31%、8.22%、3.38%，峰现时间分别为 1.07h、1.20h、0.67h、1.65h，相对误差分别为 10.31%、55.84%、6.94%、22.22%。

表 11-3 实测和模拟外排口峰值流量与峰现时间及其模拟误差

降雨场次	数据类型	峰值流量/(m³/s)	峰值时间/h	峰值流量误差/%	峰值时刻误差/%
2017 年 8 月 20 日	实测数据	0.01398	0.97	—	—
	本书模型	0.01400	1.03	0.14	6.19
	SWMM 模型	0.01387	1.07	0.79	10.31
2018 年 7 月 31 日	实测数据	0.03743	0.77	—	—
	本书模型	0.03850	0.70	2.86	9.09
	SWMM 模型	0.02833	1.20	24.31	55.84
2018 年 8 月 7 日	实测数据	0.01180	0.72	—	—
	本书模型	0.01191	0.72	0.93	0.00
	SWMM 模型	0.01277	0.67	8.22	6.94
2018 年 9 月 15 日	实测数据	0.00371	1.35	—	—
	本书模型	0.00371	1.10	4.51	18.52
	SWMM 模型	0.00343	1.65	3.38	22.22

11.2 宁夏回族自治区固原市内涝模拟

11.2.1 研究区域概况

固原市位于宁夏回族自治区南部的六盘山北麓清水河畔，东部、南部分别与甘肃省庆阳市、平凉市为邻，西部与甘肃省白银市相连，北部与宁夏中卫市、吴忠市接壤；地域范围为北纬 35°14″~36°38″，东经 105°20″~106°58″。固原市总面积 10540km²，市区面积约 45km²；处于西安市、兰州市、银川市三省会城市所构成的三角地带中心。2016 年，固原市成功入选全国第二批海绵城市建设试点城市。研究区 DOM 数据如图 11-15 所示。

图 11-15 研究区 DOM 数据

固原市属中温带干旱大陆性气候，具有冬寒长、夏热短、春暖快、秋凉早的特点，干燥多风、蒸发强烈；太阳辐射强、日照长、温差大、风沙大。经统计，2000～2015 年固原市原州区蒸发降水数据显示，固原市多年平均降水量为 438.9mm，由南向北递减，多集中在 7～9 月，降水类型为暴雨，降水量占全年 60%以上；蒸发量高达 1471.1mm 以上，且由南向北递增；年日照时数 2200～2700h；多年平均气温 6.2℃，极端最高气温 34.6℃，最低气温-28.1℃；平均无霜期 160d；年平均风速 2.1～6.2m/s，冬季以西北风为主，夏季以东南风为主；冬季最大冻土层 90～120cm，11 月上旬封冻，次年 3 月下旬消融。

11.2.2 模型基础数据

模型输入的降水数据为 2017 年 7 月 28 日场次降水。降水历时约 3h，累积降水量 74mm，经降水重现期关系曲线推算该场次降水重现期为 50 年一遇。由于缺乏现场实测资料，使用当地暴雨数据生成可有效反映短历时暴雨特征的芝加哥雨型暴雨强度公式。固原市暴雨强度公式如式(11-2)所示。降水过程如图 11-16 所示，图中降水量间隔为 5min，雨峰系数为 0.35。

$$q = \frac{5.2211 + 5.93571 \lg P}{(t + 7.9754)^{0.7688}} \tag{11-2}$$

式中，q 为暴雨强度，L/(s·hm^2)；P 为降水重现期，a；t 为降水时间，s。

使用无人机航测技术对研究区域进行航测得到网格分辨率为 2m 的 DEM 数据，共 660 万个方形网格单元，如图 11-17 所示。

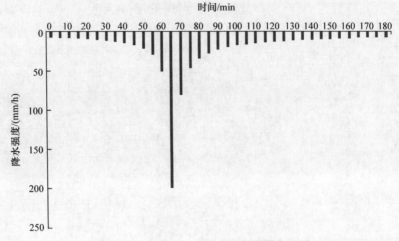

图 11-16　2017 年 7 月 28 日实测降水过程

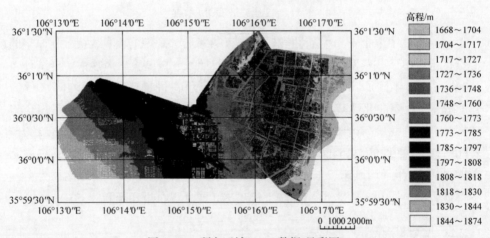

图 11-17　研究区域 DEM 数据(见彩图)

根据研究区 DOM 数据，采用最大似然分类法将所构建的网格单元分为居民用地、商业用地、道路、文娱用地、公园绿地和水系六种不同的土地利用类型，如图 11-18 所示。下渗参数根据双环仪测量值及相关文献选取，各土地利用类型的稳定下渗率及曼宁系数如表 11-4 所示。

根据雨水管网布设方案，将管网排水能力等效为下渗率代入模型计算。根据暴雨强度公式，管网等效下渗率为 10.47mm/h。

模型计算采用开放边界，四周无入流，计算过程 CFL 值设定为 0.5，模拟降水开始至 4h 后的积水过程。模拟采用微型计算机，搭载 NVDIA GeForce GTX 1080 显卡。

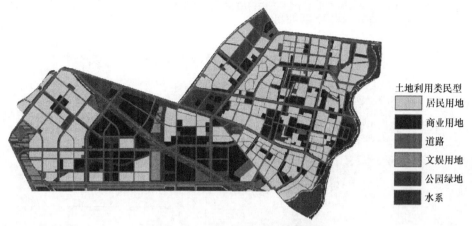

图 11-18 研究区域土地利用类型

表 11-4 各土地利用类型的稳定下渗率及曼宁系数

土地利用类型	稳定下渗率/(mm/h)	曼宁系数
商业用地	10.47	0.015
居民用地	10.47	0.014
道路	10.47	0.013
文娱用地	10.47	0.015
公园绿地	76.41	0.060
水系	0	0.0001

11.2.3 模拟结果分析

由图 11-19 所示的水深过程图可知,降水开始时降水强度增长迅速,初始干燥的土壤很快饱和,降水形成地表径流的时间较短,在 1h 左右已经形成明显的径流。随着降水时间的推进和地表径流的演进,从图 11-19(b)可知,在 1.5h 时已经形成内涝积水点,3h 前后内涝积水点已经趋于明显。在 4h 左右,随着降水的结束,除严重内涝点外,地表径流逐渐消退。径流随降水量的模拟变化趋势与实际情况一致。

图 11-20 中标记出降水持续 2h 时内涝较严重的七处积水点。由图 11-20 及表 11-5 可以看出,模拟内涝积水位置与实际内涝发生位置一致,各点积水程度与实测数据相近,模拟效果较好。模拟结果表明,本书所采用的水文水动力模型具有较好的实用性,能对城市内涝的实际情况进行模拟计算。由于假设排水管网为等效下渗,没有考虑管渠的实际承载能力,后续将通过对管网排水模拟的进一

步完善，提供更为真实的模拟结果。

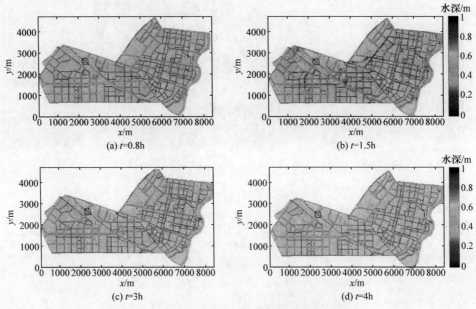

图 11-19　不同降水历时下的水深过程图(见彩图)

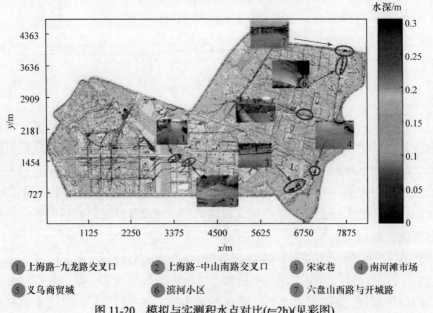

图 11-20　模拟与实测积水点对比($t=2h$)(见彩图)

表 11-5　模拟与实测积水点积水面积与最大水深对比

内涝位置	内涝点面积/m²		内涝点水深/cm	
	模拟值	实测值	模拟值	实测值
①上海路-九龙路交叉口	591	约500	0.544	>0.5
②上海路-中山南路交叉口	592	约600	0.540	>0.45
③宋家巷	1620	>1500	0.725	>0.6
④南河滩市场	489	>300	0.199	0.2
⑤义乌商贸城	612	>500	0.479	约0.45
⑥滨河小区	554	约500	0.406	>0.35
⑦六盘山西路与开城路	492	约500	0.535	>0.5

本章主要介绍了本书提出的水文水动力模型对城市内涝过程的验证及模拟过程，以陕西省西咸新区沣西新城和宁夏回族自治区固原市两个海绵建设试点城市为例，介绍了沣西新城与固原市基本状况及当地的海绵城市建设情况，模拟了实际降水下内涝积水过程，与实测积水资料进行了对比验证，并对内涝积水风险进行分析。本章还以沣西新城天福和园小区为例，对模型管网排水过程进行了验证，对比结果显示，模型精度较好。

参 考 文 献

[1] 顾孝天, 李宁, 周扬, 等. 北京"7·21"暴雨引发的城市内涝灾害防御思考[J]. 自然灾害学报, 2013, 22(2): 1-6.
[2] 车伍, 马震, 王思思, 等. 中国城市规划体系中的雨洪控制利用专项规划[J]. 中国给水排水, 2013, 29(2): 8-12.
[3] 谢鉴衡. 河流模拟[M]. 北京: 水利电力出版社, 1990.
[4] 周雪漪. 计算水力学[M]. 北京: 清华大学出版社, 1995.
[5] 李毅, 王全九, 邵明安, 等. Green-Ampt下渗模型及其应用[J]. 西北农林科技大学学报(自然科学版), 2007, 35(2): 225-230.
[6] 李贵玉. 黄土丘陵区不同土地利用类型下土壤下渗性能对比研究[D]. 杨凌: 西北农林科技大学, 2007.

彩 图

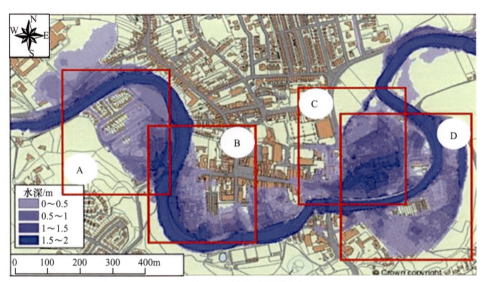

图 9-5 最大淹没范围

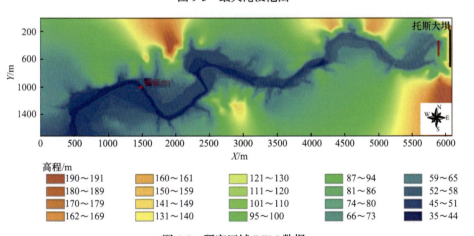

图 9-8 研究区域 DEM 数据

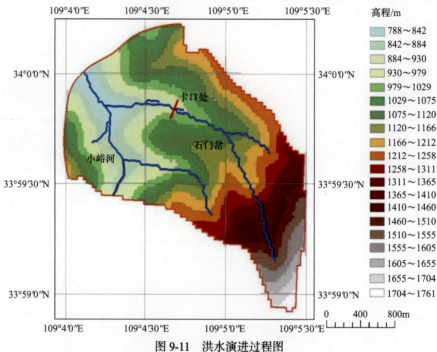

图 9-11 洪水演进过程图

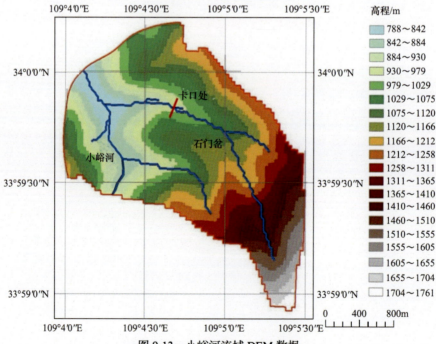

图 9-13 小峪河流域 DEM 数据

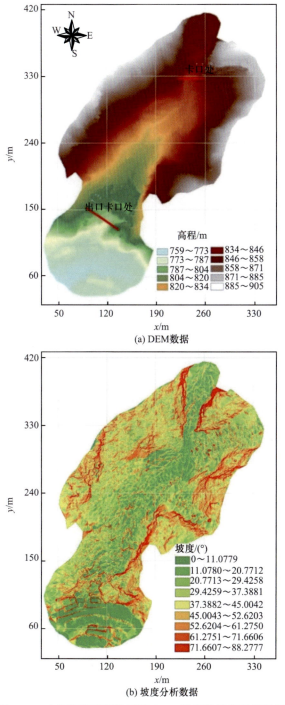

图 9-16 小峪河流域部分区域 DEM 数据及坡度分析数据

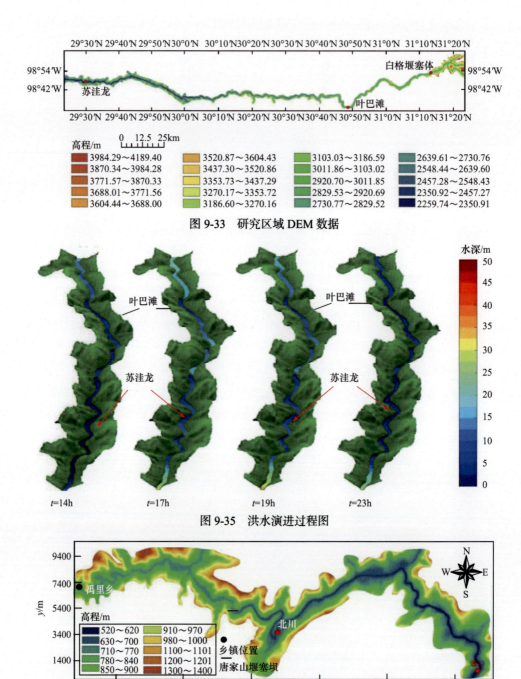

图 9-33 研究区域 DEM 数据

图 9-35 洪水演进过程图

图 9-38 研究区域 DEM 数据

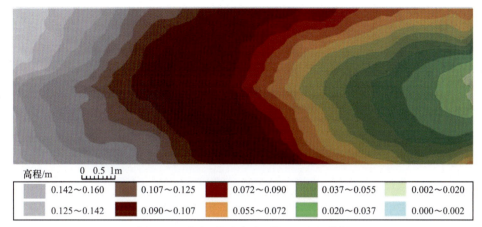

图 10-3 降水-径流实验下垫面 DEM 数据

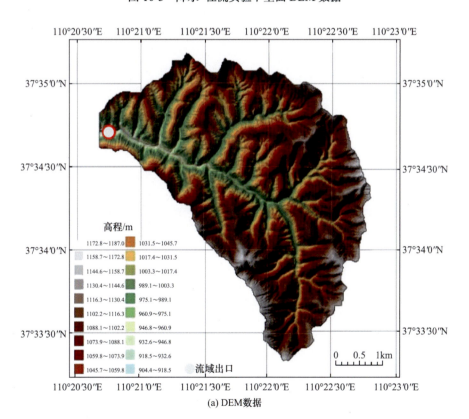

(a) DEM数据

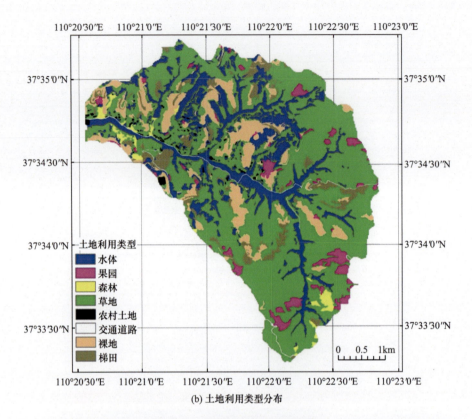

(b) 土地利用类型分布

图 10-6 王茂沟流域下垫面数据

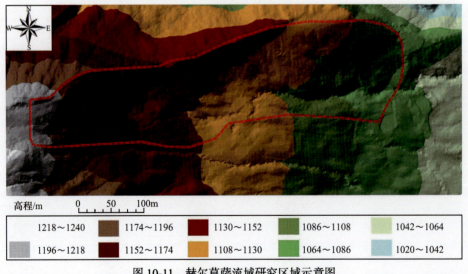

图 10-11 赫尔莫萨流域研究区域示意图

图中红色虚线为研究区边界

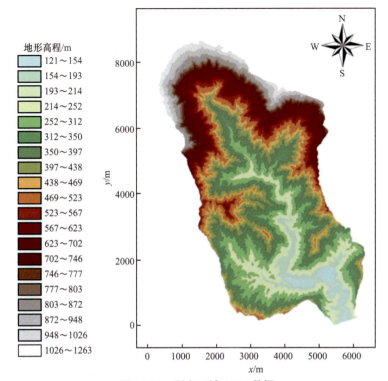

图 10-14 研究区域 DEM 数据

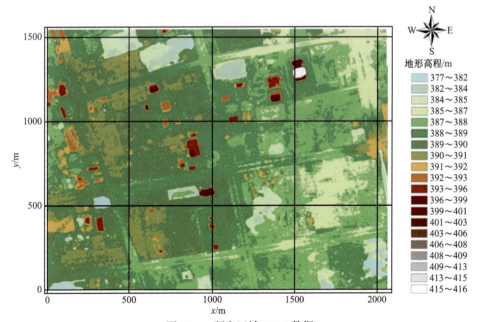

图 11-4 研究区域 DEM 数据

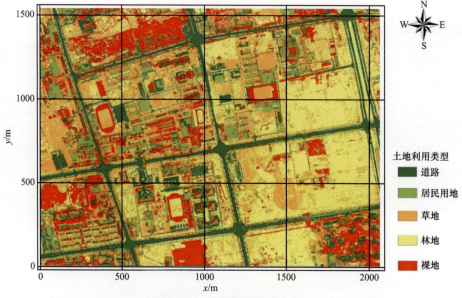

图 11-5 土地利用类型分布

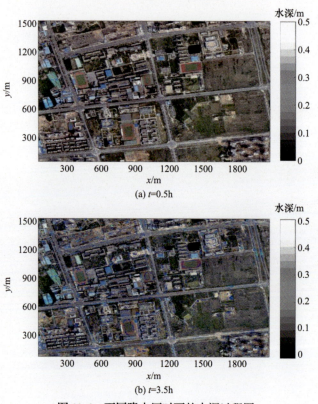

(a) $t=0.5\text{h}$

(b) $t=3.5\text{h}$

图 11-6 不同降水历时下的水深过程图

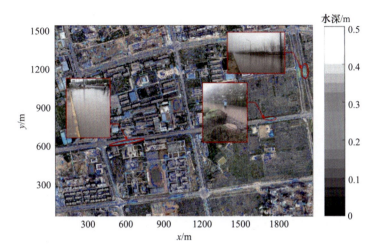

图 11-8　内涝积水模拟结果与实测数据对比(t=4h)

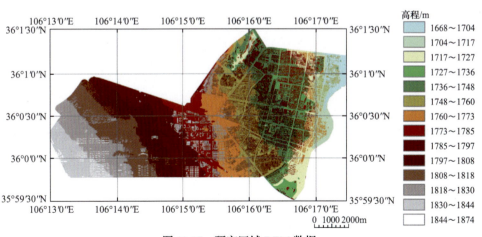

图 11-17　研究区域 DEM 数据

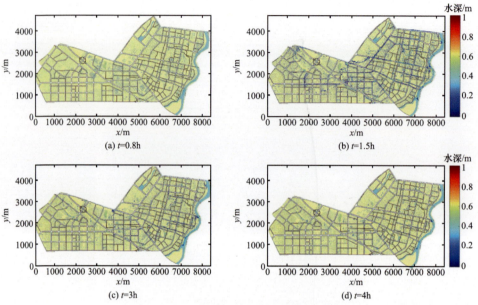

图 11-19 不同降水历时下的水深过程图

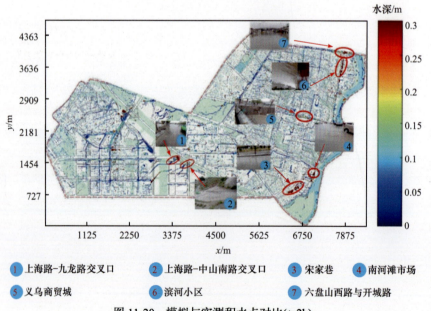

① 上海路-九龙路交叉口　② 上海路-中山南路交叉口　③ 宋家巷　④ 南河滩市场
⑤ 义乌商贸城　⑥ 滨河小区　⑦ 六盘山西路与开城路

图 11-20　模拟与实测积水点对比(t=2h)